大数据与“智能+”产教融合丛书

数据中心设计运维标准、规范解读与案例

王薇薇　陈德全　骆　奎　郭　涛　陈　晨　李京川　编著

机械工业出版社

本书以建立数据中心建设与运维管理的标准与规范知识体系为目标，帮助读者快速掌握目前通用的标准与相关规范。主要内容包括数据中心运维概述，ISO9001、ISO20000、ISO27001、ISO22301、Uptime Tier 以及 GB 50174—2017 等国内外数据中心建设运维标准和认证体系的解读与实际案例，还提供了数据运维人才的培养方案。

本书适合从事数据中心规划和运维管理的设计与运维工程师阅读，也可以作为职业教育与高等教育相关专业师生学习的参考用书。

图书在版编目（CIP）数据

数据中心设计运维标准、规范解读与案例/王薇薇等编著. —北京：机械工业出版社，2020.7（2024.8 重印）
（大数据与“智能+”产教融合丛书）
ISBN 978-7-111-65395-0

Ⅰ.①数…　Ⅱ.①王…　Ⅲ.①机房-基础设施建设②机房管理　Ⅳ.①TP308

中国版本图书馆 CIP 数据核字（2020）第 064324 号

机械工业出版社（北京市百万庄大街 22 号　邮政编码 100037）
策划编辑：吕　潇　责任编辑：吕　潇
责任校对：李　杉　封面设计：马精明
责任印制：单爱军
北京虎彩文化传播有限公司印刷
2024 年 8 月第 1 版第 6 次印刷
184mm×240mm · 11.75 印张 · 265 千字
标准书号：ISBN 978-7-111-65395-0
定价：59.00 元

电话服务	网络服务
客服电话：010-88361066	机　工　官　网：www.cmpbook.com
010-88379833	机　工　官　博：weibo.com/cmp1952
010-68326294	金　　书　　网：www.golden-book.com
封底无防伪标均为盗版	机工教育服务网：www.cmpedu.com

大数据与“智能+”产教融合丛书

编辑委员会

（按拼音排序）

丛书序一

数字技术、数字产品和数字经济，是信息时代发展的前沿领域，不断迭代着数字时代的定义。数据是核心战略性资源，自然科学、工程技术和社科人文拥抱数据的力度，对于学科新的发展具有重要意义。同时，数字经济是数据的经济，既是各项高新技术发展的动力，又为传统产业转型提供了新的数据生产要素与数据生产力。

本系列图书从产教融合的角度出发，在整体架构上，涵盖了数据思维方式的拓展、大数据技术的认知、大数据技术高级应用、数据化应用场景、大数据行业应用、数据运维、数据创新体系七个方面。编写宗旨是搭建大数据的知识体系、传授大数据的专业技能，描述产业和教育相互促进过程中所面临的问题，并在一定程度上提供相应阶段的解决方案。本系列图书的内容规划、技术选型和教培转化由新型科研机构大数据基础设施研究中心牵头，而场景设计、案例提供和生产实践由一线企业专家与团队贡献，二者紧密合作，提供了一个可借鉴的尝试。

大数据领域的人才培养的一个重要方面，就是以产业实践为导向，以传播和教育为出口，最终服务于大数据产业与数字经济，为未来的行业人才树立技术观、行业观、产业观，对产业发展也将有所助益。

本系列图书适用于大数据技能型人才的培养，适合高校、职业学校、社会培训机构从事大数据研究和教学作为教材或参考书，对于从事大数据管理和应用的工作人员、企业信息化技术人员，也可作为重要参考。让我们一起努力，共同推进大数据技术的教学、普及和应用！

中国工程院院士
浙江大学教授　　谭建荣

丛书序二

大数据的出现，给我们带来了巨大的想象空间：对科学研究界来说，大数据已成为继实验、理论和计算模式之后的数据密集型科学范式的典型代表，带来了科研方法论的变革，正在成为科学发现的新引擎；对产业界来说，在当今互联网、云计算、人工智能、大数据、区块链这些蓬勃发展的科技舞台中，主角是数据，数据作为新的生产资料，正在驱动整个产业数字化转型。正因如此，大数据已成为知识经济时代的战略高地，数据主权也已经成为继边防、海防、空防之后，另一个大国博弈的空间。

如何实现这些想象空间，需要构建众多大数据领域的基础设施支撑，小到科学大数据方面的国家重大基础设施，大到跨越国界的“数字丝路”“数字地球”。今天，我们看到大数据基础设施研究中心已经把人才也纳入到基础设施的范围，本系列图书的组织出版，所提供的视角是有意义的。新兴的产业需要相应的人才培养体系与之相配合，人才培养体系的建立往往存在滞后性。因此尽可能缩窄产业人才需求和培养过程间的“缓冲带”，将教育链、人才链、产业链、创新链衔接好，就是“产教融合”理念提出的出发点和落脚点。可以说大数据基础设施研究中心为我国的大数据人工智能事业发展模式的实践，迈出了较为坚实的一步，这个模式意味着数字经济宏观的可行路径。

本系列图书以数据为基础，内容上涵盖了数据认知与思维、数据行业应用、数据技术生态等各个层面及其细分方向，是数十个代表了行业前沿和实践的产业团队的知识沉淀，特别是在作者遴选时，注重选择兼具产业界和学术界背景的行业专家牵头，力求让这套书成为中国大数据知识的一次汇总，这对于中国数据思维的传播、数据人才的培养来说，是一个全新的范本。

我也期待未来有更多产业界专家及团队，加入到本套丛书体系中来，并和这套丛书共同更新迭代，共同传播数据思维与知识，夯实我国的数据人才基础设施。

中国科学院院士
中国科学院遥感与数字地球研究所所长　郭华东

前　言

随着5G、大数据、云计算、人工智能、智慧城市、移动互联网以及物联网等科技创新快速发展，我国各产业向数字化的转型在不断推进，新兴产业得到了长足进步，传统产业迎来了新的转型契机。以数字产业化为基础、产业数字化为主题的经济活动，正在促进产业间的深度融合，进一步推动我国数字经济高速增长。数据中心作为支撑信息产业的重要基础设施，各行各业对其需求量日益增多，市场规模得到了进一步增长。

本书作者均是来自国内外数据中心的资深专家、核心管理者、行业学者及一线工程师，具有十余年数据中心实践运维管理经验，曾参与多项数据中心行业及国家标准的编写工作，拥有丰富的实践及理论经验。作者通过对全球众多数据中心标准与相关规范进行遴选与讨论，选取了目前行业普遍公认的使用与参考标准。

本书共分为8章，主要内容如下：

第1章为数据中心运维概述。简要介绍了数据中心运维管理的含义、任务、目标及发展，列举了数据中心运维标准与规范的分类方式。

第2~5章主要介绍了质量管理体系标准和认证ISO9001、IT服务管理体系标准和认证ISO20000、信息安全管理体系标准和认证ISO27001与业务连续性管理体系标准和认证ISO22301。主要阐述了这些认证标准引入国内的发展历程，分析了标准在数据中心行业内的适用范围，系统地阐释了认证流程与认证后的实施意义，最后通过结合认证案例形象化展示了标准在数据中心行业内的具体实践操作。

第6章主要介绍了数据中心等级认证体系。重点讲述全球数据中心普遍使用的由Uptime Institute制定的基础设施和运营标准。很荣幸，此部分内容得到了Uptime Institute官方的支持，并采用最权威的中英文对照方式进行讲述，主要阐释了Tier标准的特点与适用范围，分析了标准的分级系统和等级划分标准，详细说明了各等级的关键内容及认证流程。

第7章主要介绍了数据中心设计规范GB 50174—2017。重点讲述了我国数据中心国家标准的分级方式及技术要点。着重在数据中心先进性、科学性、协调性与规范性方面提出了更高的规范要求，为数据中心从业者提供了更加实用性的标准方法。

第8章为数据中心运维案例。主要通过对数据中心实际案例进行剖析，结合编著者多年数据中心运维实践经验，旨在指导读者灵活运用本书标准与相关规范，展示了标准与规范的应用场景以及为数据中心所带来重要价值。

本书附录为数据运维专业人才培养方案。

数据中心作为十年来快速发展的行业，人才培养方面并没有跟上行业发展，专业人才的短缺已成为数据中心行业的痛点。借用本书作者们在编撰时的共识："希望可以培养一批数据中心行业的接班人"，以表达内心对行业的热爱与未来发展的期待。感谢每位参与本书编写的作者，以及国际著名的数据中心标准组织 Uptime Institute 为本书提供的支持。

本书适合从事数据中心规划和运维管理的设计与运维工程师阅读，也可以作为职业教育与高等教育相关专业师生学习的参考用书。

作者

2020 年 6 月

目　录

第1章 数据中心运维概述

1.1 什么是数据中心运维管理

随着我国信息产业的高速发展，数据中心作为重要信息基础设施也进入到了建设热潮期。同时我国正在加紧5G、智慧城市、大数据与云计算等新技术的应用。数据中心作为信息存储与处理中心，正在向规模化、复杂化与规范化发展。数据中心运维管理作为数据中心全生命周期中最长的阶段，是保障数据中心实现更安全、更可靠、更高效地运行的重要支持。

要做好数据中心运维管理，首先要清楚什么是数据中心。数据中心是一套多功能建筑物或建筑群，主要包括主机房区、基础设施支持区、辅助区、运营商接入室以及用于日常办公的行政管理区等。随着信息技术与创新应用场景的发展，数据中心也出现了“云计算数据中心”“边缘数据中心”等不同的业务类型。

数据中心运维管理就是对数据中心场地基础设施进行日常运行和维护，以确保各项基础设施系统安全稳定地运行。运维管理包括制定运维制度和计划、执行运维计划、响应场地基础设施故障和突发事件等紧急情况[⊖]。

数据中心这一套复杂的系统是由诸多小系统组成的，主要包括电气系统、暖通系统、消防系统、安防系统和网络系统等，运维管理正是围绕这些子系统展开。数据中心运维管理水平的高低，直接影响着数据中心整体的运营与服务效率，从而关系到能否保证数据中心全年365天，7×24小时的不间断稳定运行。采用完善的运维管理体系、制订系统化的管理计划、组织协调专业运维人员，根据数据中心运行情况实施动态的管理分配，可以提升运维管理工作的灵活性与效率。

目前，数据中心呈现出大规模化与系统复杂化趋势，在数据中心运维管理过程中，需要时刻应对服务需求以及日趋复杂情况变化，为自动化运维提供发展空间。采用智能化DCIM（Data Center Infrastructure Management，数据中心基础设施管理）系统是当下及未来数据中心运维管理者需要掌握的重要手段，完善的DCIM系统可协助数据中心运维人员对电气系

⊖ 中国电子学会标准T/CIE 052-2018《数据中心设施运维管理指南》。

统、制冷系统与数据中心容量等进行实时的监控与使用管理，预测数据中心的能源使用效率与设备工作情况，帮助数据中心管理实现更加合理的规划，同时减少在运维过程中出现的人为事故，快速查找事件故障并提供处理建议，保证数据中心安全地运行。

1.2 数据中心运维任务

为了做好数据中心运维工作，需要有明确清晰的管理目标和科学的管理体系，拥有合理的运维管理人员分配与行之有效的工作规范，才能确保数据中心整体运维任务的目标达成。同时，数据中心运维并不是单一的运维管理部门的工作，因此在制定数据中心运维管理目标时，需要与数据中心相关业务需求部门和提供服务部门进行有效沟通，根据运行指标制定管理体系。同时，运维管理目标的设定与数据中心的硬件设施等级具有一定的关联，也就是说需要根据数据中心的定位开展工作。图 1-1 所示为国内某大型数据中心运营管理体系。

交通管理服务				
客户服务管理	服务等级管理	可用性和持续性管理	业务关系管理	供应商管理
配置管理	容量管理	变更管理	问题管理	事件管理

系统管理服务
配置测试
预防性维护
故障诊断排查
操作系统管理
中间件管理
数据库管理
数据备份
补丁与升级
备份与恢复

介质管理服务
介质递送
介质库管理
介质验证
介质恢复

后勤保障服务
餐饮服务
室内通勤服务
应急客房服务
物业管理服务

监控操作服务		
现场巡视	理性操作	条件性操作
系统监控	存储监控	数据库监控
中间件监控	网络监控	应用监控

设施和系统资源服务			
系统资源服务：租用、备机、备件			
服务器系统	存储系统	网络及安全设备	桌面系统

网络资源租用服务	
光纤	宽带

设施资源服务		
工作场地资源服务		
技术支持场地	业务处理场地	业务恢复场地
机场资源服务		
独立单元Suite	物理隔间Cage	专属机柜Rack

设施和系统资源服务			
设施环境现场巡检	设施环境实时监控	物理安全管理服务	设备上下电支持服务
供配电系统运维服务	空调系统运维服务	消防系统运维服务	安防系统运维服务

网络管理服务
配置测试
布线管理
路由管理
预防性维护
故障诊断排查
补丁与升级
备份与恢复

信息安全服务
防火墙管理
漏洞管理
病毒防御
脆弱性检测
入侵检测

桌面支持服务
桌面设备租用
桌面终端管理
桌面网络管理
桌面网络管理

图 1-1　国内某大型数据中心运营管理体系

数据中心运维工作首要任务是要完全掌握所管理的数据中心重要指标与前期工作，不能在数据中心建成后才开始。而是在建设之初，就应对包括规划、设计、供应商和产品选型、建造部署、验证测试和移交等工作进行熟悉。需要提前请各相关方面把运维的需求在各个关键环节考虑进去，并落实在建设过程中。

1. 参与规划设计

规划设计是数据中心诞生过程中最重要的时期，运维团队应该在此阶段提出运维需求，并仔细核实每个细节。提出运维需求一方面是从降低运维难度、提高运维便利性出发，另一方面还可降低运维费用、提高运营效率。数据中心运营成本中，很大一部分是电费，由于数据中心投产初期，负载并不多，导致PUE（Power Useage Effectiveness，能源效率指标）值较高，能耗高。从降低运维费用看，系统设计应考虑小负载运行情况，并有所体现。比如，冷水机组中有一台是变频的，那初期的设备系统投运就不一样，会节省大量电费。系统的可用性更多是设计出来的，运维团队可以根据运维经验提出合理化建议和要求。

2. 与供应商协同工作

数据中心的组成部件由众多系统供应商提供，选择产品、设备和系统的供应商时，运维团队需要更多的调查供应商的质量口碑、产品可用性、可维护性和服务能力，这些比产品功能、性能和价格更能影响到后期的运维和运营。采购部门对产品的关注点通常不会集中在后期，他们要考虑性价比，而那些影响运维的东西很难包括在性价比的分子中。运维团队需要将产品的质量、可用性、维护性和服务能力都量化，并增加到产品的性价比的“性”中，才能全面、公平地体现性价比。运维团队不仅要对供应商的选择提供参考意见，更多是需要了解不同产品的关键差别，并且参与到产品的安装和调试过程中，对后续的运维要求详细询问和做好准备。

3. 参与数据中心验证测试

验证测试是数据中心建设过程中的一个必要环节，运维人员应参与到验证工作中。由于运维团队最终接手数据中心的后期管理和运营，那么前期的建设结果如何将直接影响后期运行和管理，运维团队也是最终的利益相关方，因此，运维团队有理由和责任来主导验证测试。运维团队只有充分参与了数据中心的规划设计，对设计理念、设计逻辑有充分的理解，才能在验证测试环节对相关设计理念和逻辑进行验证，才能对测试验证项目和方案的完整性进行把关，才能对验证结果有正确的评判。

1.3　数据中心标准

进入信息化社会后，电子信息技术和电子产品进入现代人的日常生活，甚至成为一部分人的谋生工具。当人们的货币、数据和习惯全部依赖于电子信息时，保障数据中心安全稳定地存储运行就显得格外重要。标准的制定，是保障数据中心建设、管理和运维的有效监管手段。而对于数据中心而言，取得高等级认证，将给数据中心带来更多的商业机会。

1.3.1 数据中心标准体系

数据中心标准分为国际标准、国家标准和行业标准。国家标准分为直接标准、相关标准和政策与指南。如图1-2所示为数据中心标准体系。

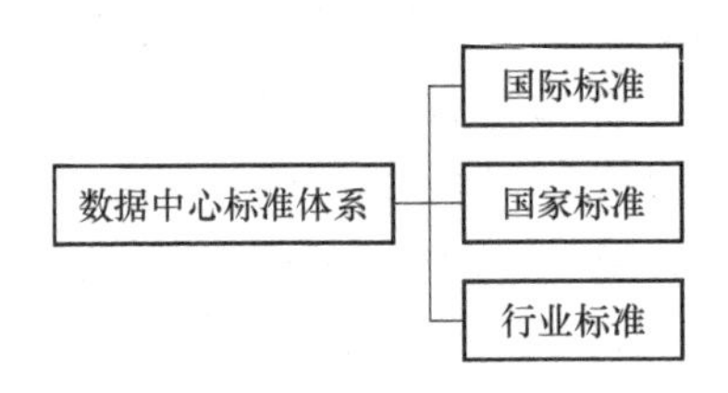

图1-2 数据中心标准体系

1.3.2 数据中心国际标准

1. ANSI/TIA-942《数据中心电信基础设施标准》

数据中心国际标准通常指美国标准ANSI/TIA-942《数据中心电信基础设施标准》，是由美国通信工业协会（TIA）2005年发布的国际性标准。ANSI/TIA-942作为国际标准在数据中心结构布局、机房要求、建筑设计、环境设计、暖通设计、电气设计、电信接入和网络架构等方面提出不同要求。

2. Uptime Tier数据中心等级认证

Uptime Institute成立于1993年，是全球公认的数据中心标准组织和第三方认证机构。Uptime Institute发布的标准*Data Center Site Infrastructure Tier Standard*：*Topology*和*Data Center Site Infrastructure Tier Standard*：*Operational Sustainability*是数据中心基础设施可用性、可靠性及运维管理服务能力认证的重要标准依据。Uptime Tier等级认证是数据中心业界知名、权威的认证，在全球范围得到了高度的认可。

3. 国际标准等级划分

ANSI/TIA-942《数据中心电信基础设施标准》将数据中心划分为Rated-1、Rated-2、Rated-3和Rated-4，Uptime Institute则使用Tier Ⅰ、Tier Ⅱ、Tier Ⅲ和Tier Ⅳ划分。

1.3.3 数据中心国家标准

1. 国家标准定义

国家标准是指由国家标准化主管机构批准发布，对全国经济和技术发展有重大意义，且在全国范围内统一的标准。国家标准是在全国范围内统一的技术要求，由国务院标准化行政主管部门编制计划，协调项目分工，组织制定（含修订），统一审批、编号和发布。

法律对国家标准的制定是另有规定的，要依照法律的规定执行。国家标准的年限一般为5年，过了年限后，国家标准就要被修订或重新制定。此外，随着社会的发展，国家需要制定新的标准来满足人们生产和生活的需要。因此，标准是种动态信息。

国内数据中心企业必须符合国家标准方可从事相关经营活动。

2. 国家标准级别划分

数据中心的我国国家标准通常指 GB 50174—2017《数据中心设计规范》，该标准将数据中心划为 A、B 和 C 三个级别。

A 级数据中心需要同时满足：设备或线路维护时，应保证电子信息设备正常运行；市电直接供电的电源质量应满足电子信息设备正常运行的要求；市电接入处的功率因数应符合当地供电部门的要求；柴油发电机系统应能够承受容性负载的影响；向公用电网注入的谐波电流分量（方均根值）不应超过现行国家标准 GB/T 14549—1993《电能质量　公用电网谐波》规定的谐波电流允许值。另外，电子信息设备的供电可采用不间断电源系统和市电电源系统相结合的供电方式。

B 级数据中心的基础设施应按冗余要求配置，在电子信息系统运行期间，基础设施在冗余能力范围内，不应因设备故障而导致电子信息系统运行中断。

C 级数据中心的基础设施应按基本需求配置，在基础设施正常运行情况下，应保证电子信息系统运行不中断。

3. 数据中心国家标准与体系

关于数据中心我国国家标准体系如图 1-3 所示。

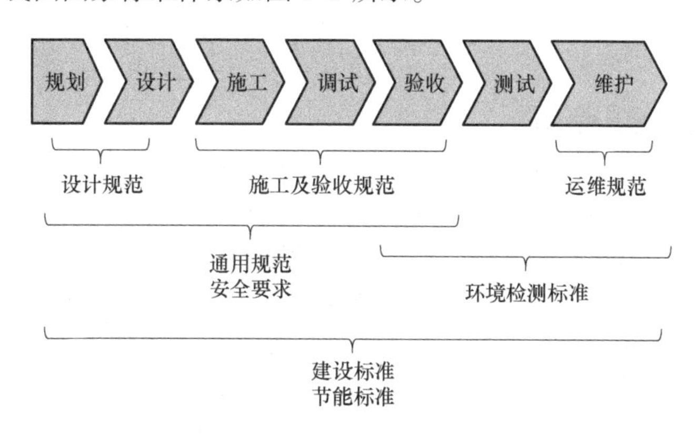

图 1-3　数据中心我国国家标准体系

具体相关国家标准为

GB 50174—2017《数据中心设计规范》；

GB 50462—2015《数据中心基础设施施工及验收规范》；

GB 50300—2013《建筑工程施工质量验收统一标准》；

GB/T 22239—2019《信息安全技术　网络安全等级保护基本要求》；

GB/T 32910. 3—2016《数据中心　资源利用　第 3 部分：电能能效要求和测量方法》；

GB/T 2887—2011《计算机场地通用规范》；

GB/T 9361—2011《计算机场地安全要求》；

GB 51195—2016《互联网数据中心工程技术规范》。

1.3.4 数据中心行业标准

1. 行业标准

行业标准是对没有国家标准而又需要在全国某个行业范围内统一的技术要求所制定的标准。行业标准不得与有关国家标准相抵触。有关行业标准之间应保持协调和统一，不得重复。行业标准在相应的国家标准实施后，即行废止。行业标准由行业标准归口部门统一管理。

2. 数据中心行业标准

YD/T 2441—2013《互联网数据中心技术及分级分类标准》；

YD/T 2442—2013《互联网数据中心资源占用、能效及排放技术要求和评测方法》；

YD/T 2542—2013《电信互联网数据中心（IDC）总体技术要求》；

YD/T 2543—2013《电信互联网数据中心（IDC）的能耗测评方法》；

YD/T 1821—2018《通信局（站）机房环境条件要求与检测方法》；

YD/T 2061—2016《通信机房用恒温恒湿空调系统》；

JR/T 0132—2015《金融业信息系统机房动力系统测评规范》；

YD 5054—2010《通信建筑抗震设防分类标准》；

YD 5060—2010《通信设备安装抗震设计图集》。

1.4 数据中心标准兼容

在数据中心设计、建造、管理和运维中同时涉及多个标准时，同类标准之间的参数、技术要求和指标等需要进行统一化处理。对各标准中的名词、术语、符号和代号要统一一致。同一名词或术语始终用来表达同一概念，不能在实际操作中出现其他同义词，即不能出现一物多名或一名多物的现象。对技术要求进行统一，不能出现一套系统具有双重规则的机制。

例如，A 标准中要求室内温度恒温 25℃，B 标准中温度也应是 25℃而不应是其他的值。

1.5 数据中心标准体系发展现状

数据中心标准是数据中心产业从事相关设计规划、建设和运维等工作中的重要执行技术依据与准则。我国数据中心产业发展起步较晚但是发展迅猛，全国各地逐步建设起不同规模的数据中心，在满足不同业务需求的同时呈现出多生态发展格局。但是由于时间跨度大，设计规划理念的不断升级，也出现了数据中心标准不统一，执行不规范的情况，造成了部分数据中心无法满足日益增长的业务要求的情况。反观国际社会，数据中心在美国等发达国家发展较为成熟，已经建立起较为完善的数据中心标准体系。在此环境下，我国正在加快新型标准体系建立的步伐，坚持与国际接轨并积极借鉴发达国家标准化管理的先进经验。在这个过程中，一些大型金融机构、运营商、大型互联网与大型第三方数据中心企业率先走在行业前列，积极参与到我国数据中心产业国家标准与行业的制定中，并适时地推出了企业标准，为推动我国数据中心标准产业的标准化建设发挥了一定的现实作用。

本章将从国际数据中心与国内数据中心方面简述数据中心标准体系的发展与现状，主要分为基础设施建设标准、绿色能效标准、管理与运维标准三个方面。

1.5.1　国内主要数据中心建设、运维相关标准和规范

1. 国标类标准及规范

GB 50174—2017《数据中心设计规范》；

GB 51195—2016《互联网数据中心工程技术规范》；

GB/T 34982—2017《云计算数据中心基本要求》；

GB 50462—2015《数据中心基础设施施工及验收规范》；

GB/T 22239—2019《信息安全技术　网络安全等级保护基本要求》。

2. 行业标准及规范

YD 5193—2014《互联网数据中心（IDC）工程设计规范》；

YD 5194—2014《互联网数据中心（IDC）工程验收规范》；

YD/T 2542—2013《电信互联网数据中心（IDC）总体技术要求》；

YD/T 2543—2013《电信互联网数据中心（IDC）的能耗测评方法》；

YD/T 1754—2008《电信网和互联网物理环境安全等级保护要求》；

YD/T 1755—2008《电信网和互联网物理环境安全等级保护检测要求》；

YD/T 1821—2018《通信局（站）机房环境条件要求与检测方法》；

YD/T 2441—2013《互联网数据中心技术及分级分类标准》；

YD/T 2442—2013《互联网数据中心资源占用、能效及排放技术要求和评测方法》。

3. 中国电信相关标准及规范

《中国电信 IDC 机房设计规范》；

《中国电信灾备中心机房建设规范》；

《中国电信数据中心机房电源、空调环境设计规范》；

Q/CT 2171—2009《中国电信数据设备用网络机柜技术规范》；

Q/CT 2172—2009《中国电信数据设备用交流电源列柜技术规范》；

Q/CT 2379—2011《中国电信绿色数据设备技术规范》。

4. 中国联通相关标准及规范

QBCU 008—2010《中国联通绿色 IDC 技术规范》。

5. 金融行业数据中心相关规范

JR/T 0131—2015《金融业信息系统机房动力系统规范》；

JR/T 0132—2015《金融业信息系统机房动力系统测评规范》；

JGJ 284—2012《金融建筑电气设计规范》；

《商业银行数据中心监管指引》。

1.5.2 国际主要数据中心等级标准及规范

ISO27001 信息安全管理体系；

ISO9001 认证质量管理体系；

ISO20000 信息技术服务管理体系；

ISO22301 业务连续性管理体系；

Uptime Tier 数据中心等级认证体系；

LEED for Data Center 绿色数据中心认证体系。

除以上国内外数据中心标准及规范，还有涉及数据中心内部各系统的标准与规范，如UPS、机房精密空调、蓄电池、供配电、网络运行维护与柴油发电机相关标准等。总体上我国数据中心行业正在完善相关标准体系与认证。但是数据中心作为系统性工程，是信息处理、信息存储、信息交换和信息安全的载体，必须要参考一套标准化和规范化的标准进行建设。

第2章
质量管理体系标准和认证 ISO9001 解读

2.1 ISO9001 是什么

2.1.1 简介

ISO9001 是由全球第一个质量管理体系标准 BS5750（由 BSI 撰写）转化而来的，ISO9001 是迄今为止世界上最成熟的质量框架，全球有 161 个国家/地区的超过 75 万家组织正在使用这一框架。ISO9001 不仅为质量管理体系，也为总体管理体系设立了标准。它帮助各类组织通过客户满意度的改进、员工积极性的提升以及持续改进来获得成功。

进入 21 世纪，信息化发展步伐日渐加速，很多企业重构信息化实现了自身核心竞争力的增强，QIS（质量管理信息系统）已经在汽车、电子等行业全面应用和推广，为 ISO9001 质量管理体系的电子化提供了平台支撑，并嵌入标准的 QC 七大手法、TS 五大手册和质量管理模型，使 ISO9001 质量管理系统数字化成为可能。

2.1.2 发展阶段

截至目前，ISO9001 共经历 5 个发展阶段：

1）ISO9001：1987，具有较强的实践性和指导性，在整个 ISO9000 标准的发展中发挥了十分重要的历史作用；

2）ISO9001：1994，实质上是一个过渡产物；

3）ISO9001：2000，是一次战略性换版；

4）ISO9001：2008，发布和实施是一次战略机遇；

5）ISO9001：2015，是从 1987 年第一版发布以来的四次技术修订中影响最大的一次修订，此次修订为质量管理体系标准的长期发展规划了蓝图，为未来 25 年的质量管理标准做好了准备。新版标准更加适用于所有类型的组织，更加适合于企业建立整合管理体系，更加关注质量管理体系的有效性和效率。

2.1.3 实施好处

1. 竞争优势

ISO9001 应当由最高管理层领导，确保高级管理层能够对其管理体系采取战略性的做法。评估和认证过程确保业务目标持续纳入组织的流程中，工作实践确保能够实现资产最大化。

2. 改进企业绩效

ISO9001 帮助管理者提高组织绩效，将不使用管理体系的竞争对手抛于身后。通过认证，还可以便于衡量绩效并更好地管理运营风险。

3. 吸引投资

ISO9001 认证将提高组织的品牌信誉，而且可以成为有用的促销工具。它向所有利益相关方发出清晰的讯息：这是一家致力于实现高标准和持续改进的公司。

4. 节省资金

相关证据表明，那些投资于质量管理体系并通过 ISO9001 认证的公司，可以获得包括运营效率提高、销量增长、资产回报率上升以及利润率提高在内的多项财务效益。

5. 精简运营，减少浪费

质量管理体系的评估侧重于运营流程，这鼓励组织提高产品和服务的质量，有助于减少浪费和客户投诉。

6. 鼓励内部沟通

ISO9001 确保沟通改善，从而增加员工的参与意识。持续地评估访问能更快地突出技能短缺，并揭露团队协作问题。

7. 提高客户满意度

ISO9001 的“计划、执行、检查、行动”结构确保客户需求得到考虑和满足。

2.1.4 标准特点

1. 以质量管理原则为标准的理论基础，与当代质量管理趋向一致

质量管理原则是 ISO/TC176 征求了当代最有影响的和最受尊重的一批质量管理专家的意见后，总结整理形成的。质量管理原则体现了质量管理最普遍、最适用的通用规律，广泛应用于质量管理各个领域。ISO9000 族标准将质量管理原则引入后，无疑提高了标准的理论水平，同时也更好地与当代质量管理方法趋向一致，更便于相互协调和共用。

质量管理原则的内容在标准中得到了很好的体现，特别是领导作用、过程方法、以顾客为关注焦点和持续改进等。

2. 通用性强，适合各行各业和各种类型产品的使用需要

ISO9001 是一个通用性标准，适用于硬件、软件、流程性材料和服务等各类产品应用的形式。

3. 质量管理体系的目的更加明确

标准在 ISO9001 中区分了体系要求和产品/服务要求，标准明确阐述了实施质量管理体系的目的，能够帮助组织提高管理的有效性、协调性和效率，持续改进质量管理体系过程、持续生产满足顾客要求的产品及持续提供满足顾客要求的服务，进而使顾客和相关方满意，并向组织及其顾客提供信任。

4. 进一步强调“过程方法”的应用，重在过程的结果

从 2000 版开始，ISO9001 采用以过程为基础的质量管理体系模式，取代了早期 1994 版中的 20 个要素，有利于组织将自身过程与标准要求进行充分融合。而“过程方法”的优点是：对过程系统中单个过程之间的联系以及过程的组合和相互作用进行连续的控制。通过质量管理体系中对过程方法的应用，可以获得过程绩效和有效性的结果，并持续改进其有效性。

5. 与其他管理体系的相容性

质量管理体系、环境管理体系以及职业健康安全管理体系等管理体系，都是组织管理体系的一个组成部分，在标准的设计原则中充分考虑了该标准与 ISO14001、ISO45001 的相容性。

6. ISO9001 与 ISO9004 不再是一对协调一致的标准

ISO9001 和 ISO9004 都是质量管理体系标准，这两项标准相互补充，但也可单独使用。ISO9001 规定了质量管理体系要求，可供组织内部使用，也可以用于认证或合同的目的。ISO9001 所关注的质量管理体系在满足顾客要求方面具备有效性。与 ISO9001 相比，ISO9004 针对质量管理体系的更宽范围，通过系统和持续改进组织的绩效，满足所有相关方的需求和期望。ISO9004 不拟用于认证、法律法规和合同的目的。

2.1.5 适用范围

适用于各种类型、不同规模和提供不同产品与服务的组织。

2.2 质量管理

2.2.1 质量管理任务

确定企业的质量目标、制订企业规划和建立健全企业的质量保证体系。

2.2.2 管理体系

质量管理体系是指在质量方面指挥和控制组织的管理体系。质量管理体系是组织内部建立的、为实现质量目标所必需的、系统的质量管理模式，是组织的一项战略决策。

它将资源与过程结合，以过程管理方法进行系统管理，根据组织特点选用若干体系要素加以组合，一般由管理活动、资源提供、产品实现以及测量和分析与改进活动相关的过程组成，可以理解为涵盖了从确定顾客需求、设计研制、生产、检验、销售、交付全过程的策划、实施、监控和纠正与改进活动的要求，一般以文件化的方式，成为组织内部质量管理工作的要求。

2.2.3 主要内容

质量管理包括质量策划、质量控制、质量保证和质量改进，具体如下。

1）质量策划包括规定质量目标，为达到质量目标采取措施和提供必要的资源，如人员、设备技术等。

2）质量控制致力于满足质量要求，即确保产品（服务）质量满足顾客要求。法律法规要求，产品质量的形成须涉及产品相关的所有过程，质量控制的范围也必须涉及产品质量的全过程，其控制涉及影响过程质量的各个因素，包括人、机、料、法、环、测等，对全过程控制也是预防为主思想的一种体现。

3）质量保证致力于提供质量要求会得到满足的信任，即是一种提供信任的活动。它不同于保证质量，保证质量是质量控制的范畴，提供质量要求会得到满足的信任要有足够的客观证据，这些证据是通过质量控制来提供的，因此这种信任是建立在质量控制的基础上，质量保证的对象对内是组织领导，对外是顾客，达到内部信任的目的，最终还是为了取得外部即顾客的信任。

质量控制和质量保证的某些活动是相互关联的。

4）质量改进致力于增强满足质量要求的能力。

在这些活动中，质量策划、质量控制、质量保证和质量改进都是为制定质量方针和实现质量目标而进行的。当质量方针、质量目标实现后，应重新进行质量策划、质量控制、质量保证和质量改进。

2.2.4 质量管理原则与标准

质量管理原则主要包括：

1）以顾客为关注焦点：组织依存于顾客，因此，组织应当理解顾客当前和未来的需求，满足顾客要求并争取超越顾客要求。

2）领导作用：领导者应确保组织的目的与方向一致。他们应当创造并保持良好的内部环境，使员工能充分参与实现组织目标的活动。

3）全员积极参与：各级人员都是组织之本，唯有其充分参与，才能使他们为组织的利益发挥其才干。

4）过程方法：将活动和相关资源作为过程进行管理，可以更高效地得到期望的结果。

5）改进：持续改进总体业绩应当是组织的永恒目标。

6）循证决策：有效决策建立在数据和信息分析的基础上。

7）关系管理：组织与供方相互依存、互利的关系可增强双方创造价值的能力。

2.2.5 运行及绩效评价

1. 质量管理体系过程的评价

评价质量管理体系时，应当对每一个被评价的过程提出如下 4 个基本问题：

1）过程是否已被识别并适当规定；

2）职责是否已被分配；

3）程序是否得到实施和保持；

4）在实现所要求的结果方面，过程是否有效。

综合上述问题的答案，可以确定评价结果。质量管理体系评价可以在不同的范围内，通过一系列活动来开展，如审核和评审质量管理体系以及自我评定。

2. 质量管理体系审核

审核用于确定符合质量管理体系要求的程度。审核发现用于评定质量管理体系的有效性和识别改进的机会。

第一方审核由组织自己或以组织的名义进行，用于内部目的，可作为组织自我审核，提出声明的基础；

第二方审核由组织的顾客或由其他人以顾客的名义进行；

第三方审核由外部独立的组织进行，这类组织通常是经认可的，提供符合要求的认证。

3. 质量管理体系评审

最高管理者的任务之一是对照质量方针和质量目标，定期和系统地评价质量管理体系的适宜性、充分性、有效性和效率。这种评审可包括考虑是否需要修改质量方针和质量目标，以响应相关方需求和期望的变化。评审包括确定是否需要采取措施。

审核报告与其他信息源一同用于质量管理体系的评审。

4. 自我评定

组织的自我评定是参照质量管理体系或卓越模式，对组织的活动和结果所进行的全面和系统的评审。

自我评定可对组织业绩和质量管理体系成熟程度提供全面的情况认知。它还有助于识别组织中需要改进的领域并确定优先开展的事项。

2.3 认证流程

2.3.1 策划准备阶段

1）成立推进小组；

2）整理内部管理规定/表单记录；

3）制订认证工作进度计划。

2.3.2 体系文件资料编制

1）确认组织结构及各部门职能分配；

2）制定管理体系方针；

3）制定目标、指标和方案；

4）确定文件架构层级和称呼；

5）拟定各层级文件清单；

6）文件编写培训；

7）文件编写指导与确认。

2.3.3 认证咨询阶段

1）管理体系诊断；

2）初始经营环境评估；

3）利益相关方需求评估；

4）管理体系范围确认；

5）ISO9001：2015 标准培训；

6）风险识别与评价培训。

2.3.4 培训实施改进阶段

1）管理体系运行指导；

2）内审员培训（包括实际演练）；

3）内部审核及不符合项整改跟踪；

4）管理评审及整改与跟踪。

2.3.5 认证审核阶段

1. 初次认证审核

管理体系的初次认证审核应分为两个阶段实施。

（1）第一阶段审核

1）审核客户的管理体系文件是否符合 ISO9001 质量管理体系的管理要求、是否存在标准的不适用项；

2）评价客户的运作场所和现场的具体情况，并与客户的负责人员进行讨论，以确定第二阶段审核的准备情况；

3）审查客户理解和实现标准要求的情况，特别是对管理体系的关键绩效或重要的因素、过程、目标和运作的识别情况；

4）收集关于客户的管理体系范围、过程和场所的必要信息，以及相关的法律法规要求和遵守情况（如客户运作中的质量、环境、法律因素、相关风险等）；

5）审查第二阶段审核所需资源的配置情况，并与客户商定第二阶段审核的细节；

6）结合可能的重要因素充分了解客户的管理体系和现场运作，以便为策划第二阶段审核提供关注点；

7）评价客户是否策划和实施了内部审核与管理评审，以及管理体系的实施程度能否证明客户已为第二阶段审核做好准备。

（2）第二阶段审核

第二阶段审核的目的是评价客户管理体系的实施情况，包括有效性。第二阶段审核应在客户的现场进行，并至少覆盖以下方面：

1）与适用的管理体系标准或其他规范性文件的所有要求的符合情况及证据；

2）依据关键绩效目标和指标（与适用的管理体系标准或其他规范性文件的期望一致），对绩效进行的监视、测量、报告和评审；

3）客户的管理体系和绩效中与遵守法律有关的方面；

4）客户过程的运作控制；

5）内部审核和管理评审；

6）针对客户方针的管理职责；

7）规范性要求、方针、绩效目标和指标（与适用的管理体系标准或其他规范性文件的期望一致）、适用的法律要求、职责、人员能力、运作、程序、绩效数据和内部审核发现及结论之间的联系。

2. 监督审核

监督审核是现场审核，但不一定是针对整个体系的审核，还与其他监督活动一起策划，以使认证机构能对获证管理体系在认证周期内持续满足保持信任。监督审核方案至少应包括对以下方面的审查：

1）内部审核和管理评审；

2）对上次审核中确定的不符合采取的措施；

3）投诉的处理；

4）管理体系在实现获证客户目标方面的有效性；

5）为持续改进而策划的活动的进展；

6）持续的运作控制；

7）任何变更；

8）标志的使用和（或）任何他人对认证资格的引用。

监督审核应至少每年进行一次。初次认证后的第一次监督审核应在第二阶段审核最后一天起 12 个月内进行。

3. 再认证

（1）再认证审核的策划

认证机构应策划和实施再认证审核，以评价获证客户是否持续满足相关管理体系标准或其他规范性文件中的所有要求。再认证审核的目的是确认管理体系作为一个整体的持续符合性与有效性，以及与认证范围的持续相关性和适宜性。

再认证审核应考虑管理体系在认证周期内的绩效，包括调阅以前的监督审核报告。

当管理体系、获证组织或管理体系的运作环境（如法律的变更）有重大变更时，再认证审核活动可能需要有第一阶段审核。

对于多场所认证或依据多个管理体系标准的认证，再认证审核的策划应确保现场审核具有足够的覆盖范围，以提供对认证的信任。

（2）再认证审核

再认证审核应包括关注下列方面的现场审核：

1）结合内部和外部变更来看整个管理体系的有效性，以及认证范围的持续相关性和适宜性；

2）经证实的对保持管理体系有效性并改进管理体系，以提高整体绩效的承诺；

3）获证管理体系的运行是否促进了组织方针和目标的实现。

在再认证审核中发现不符合或缺少符合性证据时，认证机构应规定在认证终止前实施纠正与纠正措施的时限。

2.4 ISO9001 实施意义

1）ISO9001 为组织提供了一种具有科学性的质量管理和质量保证方法和手段，可用以提高内部管理水平。

2）使组织内部各类人员的职责明确，避免推诿扯皮，减少领导的麻烦。

3）文件化的管理体系使全部质量工作有可知性、可见性和可查性，通过培训使员工更理解质量的重要性及对其工作的要求。

4）可以使产品质量得到根本的保证。

5）可以降低企业的各种管理成本和损失成本，提高效益。

6）为客户和潜在的客户提供信心。

7）提高企业的形象，增加了竞争的实力。

8）满足市场准入的要求。

2.5 认证通过案例

中金花桥数据系统有限公司 2018 年 5 月 9 日通过了中国质量认证中心 ISO9001：2015/GB/T 19001—2016 质量管理体系认证。通过认证的范围如下：客户委托的基于数据中心的外包服务；客户委托的业务连续性及灾难恢复的专业服务；客户委托的数据中心的设计开发；数据中心托管运维咨询服务。

中金花桥数据系统有限公司从申报、提交材料、审查、认定，再到公示与备案等过程，经过了层层严格审批后，成为通过 ISO9001 质量管理体系认证的专业数据中心公司。

这标志着数据中心的管理能力进入了一个全新的阶段，将帮助企业自身不断提高产品服务质量，统一产品服务标准，是提高企业管理能力的有效途径。认证的实施增强了数据中心全员的质量意识，有助于公司进一步改进企业绩效、降低管理运营风险、提高客户满意度。

第 3 章

IT 服务管理体系标准和认证 ISO20000 解读

3.1　ISO20000 是什么

3.1.1　简介

随着科技水平的日益提高，IT 产业从产生到发展经历了漫长的发展阶段。由早期的单纯的企业技术支撑已逐步向“业务驱动”转变，原有的 IT 部门也逐渐从简单的信息技术提供者向服务信息供应者转变，职能的转变从客观上也要求信息管理向 IT 服务管理模式进行转变。

对于服务提供（运营）过程来说，遵循服务管理标准可以实现服务运营的输入和生产流程的标准化，只有将所有服务标准化了，才能保证最终服务质量和成本符合预定的标准，从而实现过程控制，达到质量控制的目标。

信息技术服务管理框架下由两部分组成

第一部分为 ISO/IEC20000-1：2018《信息技术　服务管理　第 1 部分：服务管理体系要求》

第二部分为 ISO/IEC20000-2：2012《信息技术　服务管理　第 2 部分：信息技术服务管理最佳实践》

3.1.2　发展阶段

ISO/IEC20000 标准的前身是由英国标准协会（BSI）在 2001 年发布的以 IT 基础架构库（ITIL）为基础的 IT 服务管理英国国家标准 BS15000。之后由 ISO/IEC（国际标准化组织/国际电工委员会）组成的第 1 联合技术委员会（JCT1）于 2005 年 12 月 15 日对外正式颁布于执行的 IT 服务管理的国际标准。

它是基于全球公认的 ITIL（IT 基础架构库）开发的 IT 服务标准规范，也是全球第一部最具国际影响力的 IT 服务管理体系标准规范。

2018 年 9 月，国际标准化组织（ISO）发布了 ISO/IEC20000-1：2018《信息技术　服务管理　第 1 部分：服务管理体系要求》，该标准代替了 ISO/IEC20000-1：2011，成为新版国际服务管理体系标准。

3.1.3 实施好处

企业建立 IT 服务管理体系的目标是为了企业建立起一套行之有效的以客户为中心的自我完善的体系。在实施认证 ISO20000 管理体系后，在各个流程中，各个工作岗位上都能建立一个自我完善的循环，工作的策划、执行、检查，以及持续的发现问题与改善问题的体系均将建立起来，使每个员工都拥有问题意识，自觉的发现自己工作当中的问题，并通过系统的解决问题方式，将问题一个一个地解决。另见本章 3.4 节“ISO20000 实施意义”。

3.1.4 标准特点

ISO/IEC20000-1 是建立 IT 服务管理体系的一套需求规范，具体详细说明了建立、实施、检查和改进 IT 服务管理体系的要求。

ISO/IEC20000-2 为审核人员提供行业一致认同的指南，并且为服务提供者规划服务改善或审核提供指导。

实践准则描述了服务管理流程的最佳实践。企业力求以最小成本满足业务需求，客户对使用先进设施会不断提出要求，因此服务提供就越发显得重要了。人们已经意识到服务和服务管理对于帮助组织开源节流的重要性。

ISO/IEC20000 系列能使组织了解如何从内部和外部改进其服务质量。

由于组织对服务支持的日益依赖，以及技术多样性的现状，服务提供方有可能通过努力保持客户服务的高水准。而实际上服务提供方往往被动工作，很少花时间规划、培训、检查、调查并与客户一同工作，其结果必然导致失败。其失败就源于没有采用系统、主动的工作方式。

服务供应商也常常被要求提高服务质量，降低成本、采用更大灵活性和更快反应速度。有效的服务管理能提供高水准的客户服务和较高的客户满意度。

ISO/IEC20000-2 描述了 IT 服务管理流程质量标准。这些服务管理流程为组织在一定环境中开展业务提供了最佳实践指南，包括提供专业服务、降低成本、调查和控制风险。

ISO/IEC20000-2 推荐服务管理者采用一致的术语和统一的方法进行服务管理，这可以改进服务交付基础，并有助于服务提供者建立一个服务管理框架。

ISO/IEC20000-2 为审核人员提供指南，并可为组织规划服务的改进提供帮助，以便组织通过 ISO/IEC 20000-1 认证。

3.1.5 适用范围

1）服务较脆弱的行业；

2）供应链中所有的服务提供者需要一致方法的行业；

3）为 IT 服务管理建立基准的服务提供者；

4）作为一个独立评审的基础；

5）需要证实其有能力提供满足顾客要求服务的组织；

6）目标为通过有效过程应用监视和改进服务质量的组织。

3.2　IT 服务管理

3.2.1　管理任务

ISO/IEC20000 要求将“策划—实施—检查—处置（PDCA）”方法论应用到服务管理体系的所有环节和服务。该部分所采用的 PDCA 方法论可简述如下：

策划：建立服务管理体系，形成文件并协商一致。服务管理体系包括为满足服务需求的方针、目标、计划和过程；

实施：为服务的设计、转换、交付和改进而实施和运行服务管理体系；

检查：根据方针、目标、计划和服务需求，监视、测量和评审服务管理体系并报告结果；

处置：采取措施，以持续改进服务管理体系和服务的绩效。

标准明确了指导服务管理体系建立、运行和改进所要采用的方法论，这就是 PDCA。PDCA 方法论由美国已故的著名质量管理学家戴明提出，所以又被称之为“戴明环”。PDCA 方法论起先被应用于质量管理，现已广泛应用于各种管理领域。PDCA 所表示的循环由 4 个阶段组成，P（策划）表示需要有什么行动，应该谁负责、如何做、什么时间开始和结束；D（实施）表示执行计划的行动；C（检查）确定行动是否达到预期的效果；A（处置）基于检查发现的不一致，进行必要的调整。PDCA 的循环可以是没有止境的，一旦启动就应持续运行。

3.2.2　管理体系

管理体系如图 3-1 所示。

3.2.3　主要内容及关系

ISO20000 的流程并不是独立存在的，流程之间需要相互交流信息，一个流程的输出可以是其他流程的输入，图 3-2 描述了 ISO20000 的 13 个流程及其主要关系，下面将分别介绍这 19 种主要关系。

1. 服务报告与 SLA

按照 ISO20000 对服务报告的定义来说，服务报告就是服务级别协议（Service Level Agreement，SLA）定义的服务目标是否达到的结论性报告。SLA 对服务报告的内容是有决定性影响的，服务报告是围绕 SLA 描述各项服务的达感情况：哪些满足了 SLA 的要求、哪些没有满足、总体的资源消耗情况、趋势分析等，为服务对象提供服务情况的全景式描述。为实现这一目标，IT 服务管理的其他各流程需要准确记录日常运维产生的数据，为服务报告管理流程提供支持，确保其可采集到编制报告需要的数据。

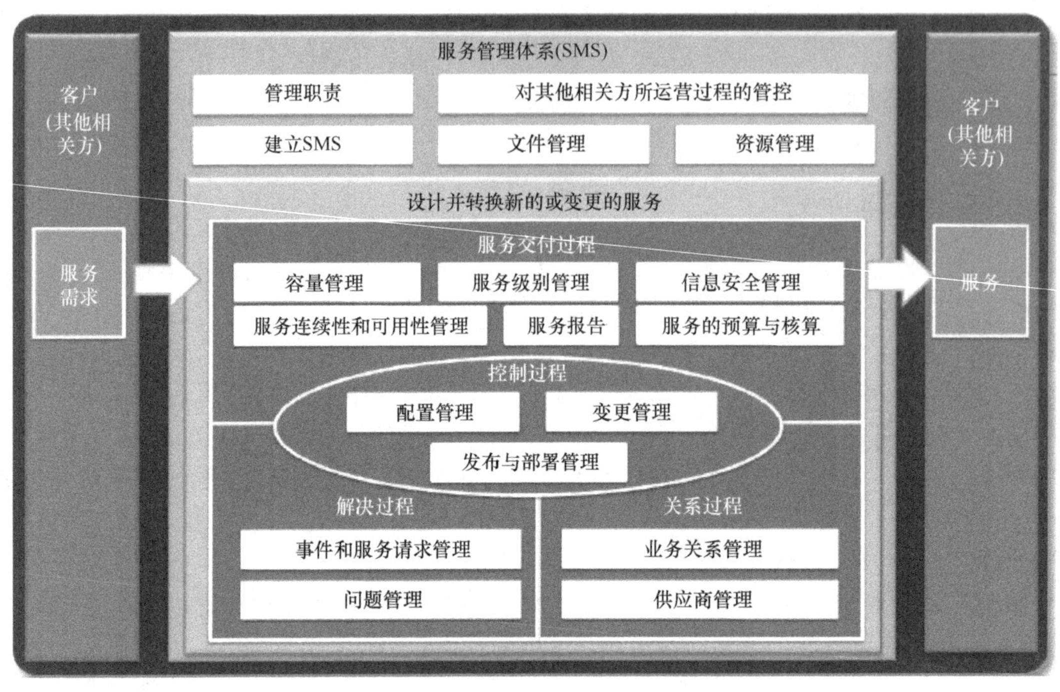

图 3-1　管理体系

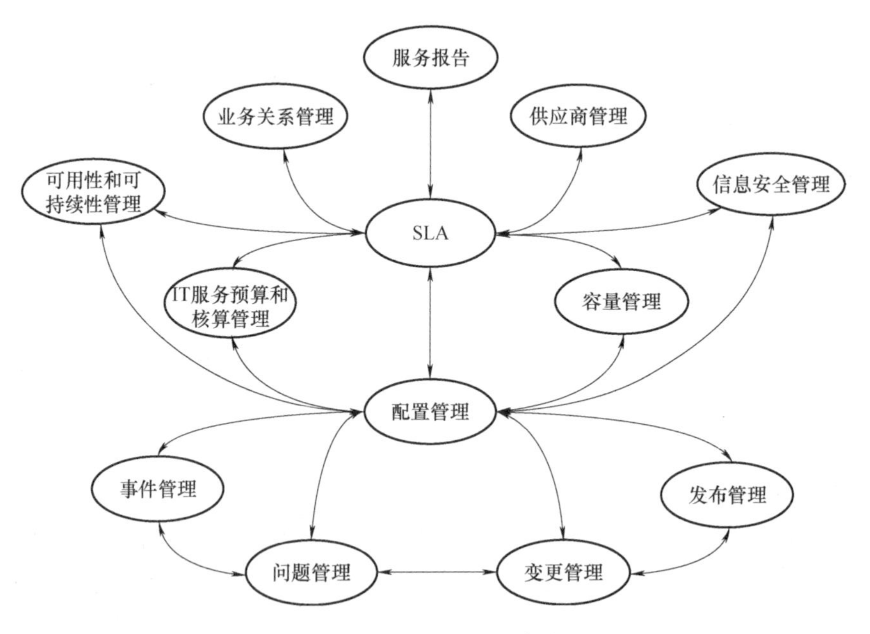

图 3-2　ISO20000 流程关系图

从另一个角度来说，服务报告对于 SLA 的制定也提供了重要的依据和参考，应该按照服务的达成情况适时调整服务的目标、范围，改进不符合项，以确保 SLA 定义的服务是可以实现或可以完成的，更加贴近实际。

2. 业务关系管理与 SLA

从 ISO20000 的定义可以明确看出业务关系管理与服务级别管理的关系，SLA 的制定和调整正是业务关系管理服务回顾需要关注的重要工作内容，同时 SLA 也是业务关系管理服务投诉和满意度调查的重要参考依据。

3. 供应商管理与 SLA

供应商是服务提供方为客户提供服务的支持者，供应商提供的服务水平直接或间接地影响服务提供方对客户提供的服务水平。因此，服务提供方需要将 SLA 的要求按照供应商提供的服务范围进行任务或指标分解，并在支持合同（Underpinning Contract，UC）中体现。

4. 可用性和可持性管理与 SLA

在签订 SLA 之前，首先要明确客户的可用性和可持续性需求，在确定了 SLA 的可用性和连续性目标后，服务连续性和可用性管理应确保这些目标实现和达成，并提供实际的运行指标。

5. IT 服务预算和核算管理与 SLA

IT 服务预算和核算管理为服务级别管理提供满足当前和未来业务需要的成本、组织的计费政策等信息。与客户签订的服务等级协议和满足客户需求需要的成本二者之间会互相影响，随着不同客户的不同服务级别的多元化和个性化，对 IT 服务进行成本预算和核算对企业的管理产生的效益也越大。

6. 信息安全管理与 SLA

服务级别管理确保提供给客户的服务协议得到明确的规定和高效的执行，安全管理为服务级别制定了安全措施，优化提供服务的级别：

1）基于客户的业务利益，确认客户的安全需求；

2）根据客户提出的安全需求，评估可行性；

3）通过识别 IT 服务内部的安全需求，确定 IT 服务级别协议中的 IT 服务安全级别；

4）监控安全标准，提供服务报告。

在制定 SLA 时通常已经存在基本的安全级别基线，对于客户额外的安全需求则应当在 SLA 中明确定义。

7. 容量管理与 SLA

容量管理为服务级别管理确定在响应时间、服务级别需求等可行的服务级别而提供建议，对 IT 基础建设的性能水平进行评价和监控，为一项新的或现有服务的拓展所产生的对整体服务能力的影响提供信息。

8. 配置管理与 SLA

配置管理存储 SLA 有关的文档和资料，利用配置管理数据库（Configuration Management Datebase，CMDB）来确定某个配置项对服务的影响，检查有关响应时间和解决时间方面的 SLA 的执行情况，为服务级别管理报告服务质量提供依据。

9. 配置管理与可用性和可持续性管理

定义 IT 基础设施配置项基线，为 IT 服务可用性和持续性管理提供灾难发生后需要恢复的配置项信息和需要恢复的程度。

10. 配置管理与 IT 服务预算和核算管理

收集有关 IT 成本的历史信息，存储资产数据。结合配置项使用情况和服务级别协议的信息来确定服务应该收取的费用。

11. 配置管理与容量管理

为容量管理制定 IT 基础设施优化、分配负荷计划提供配置项数据。

12. 配置管理与信息安全管理

配置管理数据库为信息安全管理的信息资产识别提供配置项数据。

13. 配置管理与事件管理

配置管理数据库对于事件管理流程有着重要的意义，在 CMDB 中定义了资产、服务、用户与服务级别的关系，当某项 IT 基础设施产生事件时，可以通过 CMDB 的信息进行快速追查和采取适合的应急措施。

14. 配置管理与问题管理

配置管理数据库中的基础设施、结构图、配置项之间的关联关系都对问题的解决至关重要。通过将基础设施的实际配置信息和配置管理数据库中经过审计的配置信息进行核实，找出配置信息不一致的地方和基础设施存在的缺陷。

15. 配置管理与变更管理

利用配置管理数据库来确定实施变更的影响程度，负责记录变更引起的配置项的信息修改。

16. 配置管理与发布管理

将最终软件库（Definitive Software Library，DSL）中的软件记录和最终硬件库（Definitive Hardware Library，DHS）中的硬件记录添加到配置管理数据库中。为发布管理计划提供配置项版本、状态、位置等信息。

17. 事件管理与问题管理

事件管理对于问题管理来说是非常重要的信息提供者，有效的事件记录有助于快速发现、定位和解决问题。而问题管理定位并解决问题根源后，可以减少事件的发生。

18. 问题管理与变更管理

问题管理在明确问题发生的根本原因后可能会提交变更请求，在变更过程中就变更实施的进度、效果和问题管理共同进行磋商，确保变更成功进行后能够彻底解决问题。

19. 变更管理与发布管理

变更经常会引起一系列应用系统或者技术架构的开发和分发。许多影响 IT 应用系统或处于基础设施同一区域的变更也被整合到一个包发布，由发布管理统一管理。新发布的上线由变更管理控制。

3.2.4　IT 服务管理原则与标准

1. 服务管理体系总体要求

1）管理职责：说明了管理层为确保服务管理体系（Service Management System，SMS）的有效性，在管理承诺、管理方针、权限、职责和沟通等方面的职责。

2）对其他相关方所运营过程的控制：说明了对服务管理体系中其他方的治理，重点指出了其他方运行过程的治理，在体系中需要将其他方的治理的需求纳入到 IT 服务管理体系中。

3）文件管理：说明了 SMS 对文件管理的要求。

4）资源管理：说明了服务管理体系对资源管理的要求。明确提出服务提供方应提出 SMS，并说明应尽量通过提供相关所需资源提升客户满意度。

5）建立和改进 SMS：明确了 SMS 中应有审核过程。

2. 设计并转换新的或变更的服务

1）总要求：说明了对设计和转换新的或变更的服务的要求。

2）规划新的或变更的服务：说明了对策划新的或变更的服务的要求。

3）设计和开发新的或变更的服务：说明了对设计和开发新的或变更的服务的要求。

4）新的或变更的服务的转换：说明了对转换新的或变更的服务的要求。

3. 服务交付过程

1）服务级别管理：“6.1 服务级别管理”要求服务提供方与客户定义、协商、记录并管理服务级别。明确了服务目录应由双方协定，并确定服务目录中应写明服务与服务组件间的依存关系；服务水平协议的内容明确要求，例如：目标、内容、工作量、任何异常管理。

2）服务报告：“6.2 服务报告”要求组织要依据可靠信息（应包含识别、目的、读者、频率和数据源的详情）做出决策和有效沟通，编制协商一致、及时、可靠、准确的报告。

3）服务的连续性和可用性管理：“6.3 服务的连续性和可用性管理”确保向客户承诺的协商一致的服务连续性和可用性在任何情况下都能得到满足。明确提出服务提供方应与客户和相关方识别和协定服务连续性和可用性要求；增强的需求关注必须包含在可用性计划中。

4）服务的预算和核算：“6.4 服务的预算和核算”对服务供应成本进行预算和核算。明确了服务的预算和核算与组织的财务管理必须有相应的接口；明确要求组织必须知道每一个服务的总体成本。

5）容量管理：“6.5 容量管理”明确了确保服务提供方在所有时间内具有足够能力来满足当前和预计的客户对服务的需求。增加了能力计划的范围覆盖人员、技术、信息和财务；明确能力计划变更应纳入变更管理过程；明确了协定要求对可用性、服务连续性和服务级别的影响；服务提供方需要提供足够的能力来履行自己的承诺。

6）信息安全管理：“6.6 信息安全”提出确定信息安全方针、控制措施、变更和事件，在所有服务活动中有效地管理信息安全的要求。明确了管理者的 6 项责任；明确了信息安全的物理、管理与技术的措施；明确说明了事件优先级应与信息安全风险相适应；必须对信息安全的控制的有效性进行评估，并采取纠正措施；内部的信息安全审计决不能被替代；强调信息安全管理仍是 ISO/IEC 27001 的一个子集；将信息安全管理流程分为策略、控制、安全事件、变更管理，以更好地对应 ISO20000 的各个模块。

4. 关系过程

1）业务关系管理：“7.1 业务关系管理”要求组织明确服务的客户、用户和相关方。基于对客户及其业务驱动的理解，建立并保持服务提供方与客户之间的良好关系。提出了客户满意度评估的最大周期为计划的时间间隔。明确要记录客户、用户和服务方；删除了利益相关者。

2）供应商管理：“7.2 供应商管理”要求组织要管理供方，确保提供无缝的和高质量的服务。明确了哪些内容必须出现在合同文本中。

5. 解决过程

1）事件和服务请求管理：“8.1 事件和服务请求管理”要求组织要尽快恢复协商一致的服务或响应服务请求。明确定义了服务请求及服务请求的管理流程；明确了事件管理的环节；明确了服务优先级的因子为影响程度和紧急程度；将发布部署与事件和服务请求管理关联起来；明确了重大事件的核心控制要点：通知最高管理者、专人管理重大事件、服务恢复后的回顾及改进计划。

2）问题管理：“8.2 问题管理”要求组织通过主动式识别、分析、解决事件和问题发生的根本原因，最小化或避免事件和问题的影响。明确定义了问题管理过程步骤，增加了升级步骤。问题管理生命周期要求增加了识别过程和优先级分配；明确问题管理的配置项变更要通过变更解决；明确了问题管理与事件和服务请求管理过程的关联。

6. 控制过程

1）配置管理：“9.1 配置管理”要求组织以受控的方式，确保所有变更得到评估、批准、实施和评审。明确了配置信息定义模型的主要信息；明确了配置项的内容具体到文件、许可证信息、软件，可能的话，应有硬件配置图；明确了配置管理流程为配置审核过程，在计划的时间间隔内该流程将为改进报告提供支撑，替代了原来配置控制程序的说法；明确了发现配置记录缺失服务提供方应采取的措施；明确提出每个 CI 的属性至少应有与其他 CI 项间的关系等；已知错误与 CI 的关系应被记录和链接。

2）变更管理：“9.2 变更管理”要求组织要定义和控制服务与基础设施的部件，并保持准确的配置信息，实施要点如下：必须定义变更管理方针；变更管理过程明确了删除服务、服务交付给用户为重大变更；服务改进根据计划的时间间隔开展；明确变更评估信息与其他过程的关系；明确变更与配置项变化之间的关系；明确批准的变更应被开发和测试；变更分类的需求已经明确，比如交付服务；CMDB 的更新必须紧随发布的部署工作；参照设计和传输新的或变化的服务为主要变更。

3）发布和部署管理：“9.3 发布和部署管理”要求组织要按照服务提供方与客户及相关方商定的发布策略，部署新的或变更的服务和服务组件到在实际环境中，交付、分发并追踪一个或多个变更，具体包括：发布策略须得到客户的同意；删除了变更过程与发布管理间互动的描述，而改在变更管理中描述；明确了发布和部署管理中策划内容；明确需要建立验收准则；明确应调查不成功的发布并根据协定措施执行；增加了非强制性的不成功发布的测试；增加了发布失败分析的评审和改进；紧急发布的标准需要客户的同意；在部署完成后，发布的验收需要进行定义及检查。

3.3 认证与实施流程

组织实施ISO20000信息技术服务管理体系的流程为：前期准备、调研、培训（动员会、ISO20000标准培训、体系文件编写培训）、文件编写、体系建立（体系文件编写/修改/发布）、体系运行、内审、符合性审核、正式审核。此流程可结合组织实际情况做相应的调整。

3.3.1 开展培训，职能分工

1. 培训

（1）动员会

全员ISO20000基础知识培训。

培训目的：了解ISO20000信息技术服务管理体系标准的内容；了解ISO20000信息技术服务管理体系标准的基本要求；了解ISO20000信息技术服务管理体系标准的实施办法了解企业推行ISO20000信息技术服务管理体系意义和计划。

学习内容：什么是ISO20000信息技术服务管理体系标准；ISO20000信息技术服务管理体系标准应该怎样理解；实施ISO20000信息技术服务管理体系的意义；组织实施ISO20000信息技术服务管理体系的计划和要求。

（2）骨干培训

培训目的：了解ISO20000信息技术服务管理体系标准的基本内容；领导在体系中的作用；了解为什么要推行ISO20000信息技术服务管理体系；要了解如何推行ISO20000信息技术服务管理体系。

学习内容：ISO20000信息技术服务管理体系标准的结构、原理和内容概述；重要的质量概念；实施标准的指导思想；领导在体系中的作用；IT服务管理体系认证、维护和改进的过程。

参加人员：公司总经理、副总经理、各有关部门经理和主管。

（3）文件编写技能培训

培训目的：掌握文件编写方法；结合本公司实际如何编制有关文件。

学习内容：IT服务管理体系文件总论；IT服务管理体系编写；程序文件编写；工作文件编写；管理计划制定；管理记录。

参加人员：企业各有关部门领导、ISO20000工作小组内的成员，专职管理人员。

2. 建立组织

（1）领导小组 ISO20000 委员会

推行 ISO20000 信息技术服务管理体系，领导是关键，企业领导应作正确决策，并积极地带头参加这项工作；给出人力和物力支援；成立领导小组，主要领导都应当参与；任命管理代表，负责标准中规定的职责；及时处理有关重大问题；组织管理评审。

（2）工作机构

为了推行 ISO20000 信息技术服务管理体系，公司应成立专门工作机构，负责全公司推行 ISO20000 组织协调工作，作为一个办事核心。应保证：

1）所有各有关部门都能参与工作小组；

2）有专职人员；

3）有骨干人员：骨干人员应对 ISO20000 信息技术服务管理体系有较全面系统的学习，最好有一定相关工作经历。

（3）管理者代表

公司应按标准要求任命管理者代表，应由最高管理者指定；管理者代表应是公司管理层成员；

管理者代表应具有如下职责：

确保按照标准规定建立、实施和维持 IT 服务管理体系要求；向管理者报告体系的执行情况，以便评审和改进管理体系；管理者代表的职责还可以包括就 IT 服务管理体系方面与外部机构的联络。

3. 系统调查、诊断

1）通过诊断，达到以下目的：现有体系与标准的符合性：找出与标准之间差距；找出形成这些差距原因。

2）选择合适的 IT 服务管理体系标准及其补充要求：根据公司运作需要、合同要求、产品特点从 ISO9000 或其他标准中选择适合于企业的管理体系标准；

在此的基础上对选定标准进行必要的增删，提出对 IT 服务管理体系补充要求。

3）识别确定对服务管理体系进行修改的内容：体系标准和要素选择；机构调整内容；体系文件清单；需新编制的文件（清单）。

4）诊断的依据：诊断工作一般应按某一合适的 IT 服务管理体系标准、主要合同和本单位一些基本法规。根据各单位具体情况，诊断的依据可以归纳成如下几个方面：

① 管理体系标准：例如 ISO20000 标准；诊断所选择的标准与申请认证的标准应是同一类型的。

② 合同：IT 服务管理体系应能基本满足各客户的要求，因此，合同应是论断的一个重要依据。

③ 本单位的基本规定、规程：如有关标准化方面的、有关监控方面的、有关安全方面的等，这些规定、规程是否合理及合理的内容是否被有效运行，诊断时要检查的内容。

④ 社会或行业有关法规：IT 服务管理体系不仅要满足管理体系标准、合同和公司有关规定，还应该符合国家、地区、行业有关法律、法规、规章制度的要求，诊断时应作为考虑：

a）有关安全法规；

b）有关服务法规；

c）有关环保法规；

d）有关劳动法规。

5）实施诊断的人员：实施诊断的人员可以是公司内部的人员，也可以是公司委托的外部机构，如咨询机构的人员，因此实施诊断的人员可以有如下几方面：

① 咨询人员：如果公司聘请了咨询人员，诊断工作可以其为主进行。为此咨询机构可以委派专门诊断、检查工作组，制订计划，在企业确认的基础上按计划进行诊断。

② 内部审核员：如果公司有经培训合格并胜任该项工作的人员，可以授权其进行诊断工作。

③ 第三方审核机构的人员：如果公司有需要，可以聘请外部审核机构的审核员为公司进行诊断。

6）诊断工作的实施过程：

① 确定诊断小组。

② 确定诊断依据和诊断物件。

③ 制订诊断计划，编制诊断工作文件。

④ 现场诊断检查：

a）与现场人员交谈，了解情况；

b）检查现场文件和记录；

c）如实记录体系运行现状。

⑤ 提交诊断报告：

a）不合格报告；

b）诊断结论；

c）体系文件清单；

d）需新编制和修订的文件（清单）。

4. 职能分工、体系设计

1）制订 IT 服务管理方针。

2）任命管理者代表的主要责任：

① 协助管理者确保按标准的要求建立 IT 服务管理体系；

② 负责体系的实施和维护。负责组织内部管理体系审核，向最高管理者报告体系执行情况，以便评审和改进；

③ 就 IT 服务管理体系方面问题与外部联系。

3）选择体系标准和要素。

（1）管理体系要素选择

1）根据合同要求，可删去所选择标准中包含的某些服务管理体系要素或分要素，还可以涉及体系要素证实程度的调整。

2）按合同要求，规定对管理体系的补充要求，例如统计程序控制要求、安全性要求等。

（2）设计调整组织机构

1）各部门职责应覆盖标准要求。

2）各部门有清楚的职责。

3）各部门工作之间有合理的衔接。

4）职能分工形成书面文件，并经充分讨论。

5）应把有关管理的策划、控制、协调、检查、改进工作都反映出来。

5. 文件编写

1）列出文件清单：

IT 服务管理体系：

① 手册的构成；

② 职能的分配；

③ 组织结构；

④ 手册中要素描述；

⑤ 有关支持性文件（针对某个具体事件的管理办法、工作流程或者详细说明）。

程序文件：

① 需编制哪些程序文件；

② 每个程序文件对应标准哪个要素；

③ 各程序文件之间有无重复、有无遗漏；

④ 各程序文件形成的记录；

⑤ 有关支援性文件。

工作文件：

① 作业指导书；

② 技术类文件；

③ 管理文件；

④ 报告和表格。

2）明确哪些旧文件作废、哪些保留。

3）分配文件编写任务：各部门参与。

4）起草文件。

5）文件讨论：内部讨论——适用性；外部检查——完整性。

6）文件批准发效：

① 审核、批准；

② 复印、装订；
③ 受控、登记；
④ 发效、签收。

6. 体系试运行

（1）向工作人员进行体系文件的交代
1）手册：特点、使用、保管要求。
2）程序：特点、注意事项、形成记录、各程序之间的关系。
3）工作文件：需要掌握关键问题如何记录，报告不合格品。
（2）培训、宣传
1）培训：岗位培训。
2）特殊岗位培训考核。
3）管理人员程序文件培训。
4）全员 IT 服务管理方针、目标培训。
5）宣传：管理方针；试运行计划；ISO20000 认证计划；体系文件内容介绍。
（3）其他配套工作
1）监控。
2）合格分承包方许可。
3）标识的制作。
（4）试运行
1）补充完善基础工作：边运行，边完善第三层次文件。
2）修改体系文件：边运行，边修改不合适的文件。
3）作为记录并保存好记录以提供证据。

3.3.2　内部审核，正式运行

1. 内部审核、管理评审

至少进行一次内部审核，按 ISO20000 要求制订审核计划、审核清单、审核报告、不合格项的跟踪和监督等有关活动记录和文件，应保存完好，以便认证检查。

至少安排一次管理评审，以评价新体系的有效性和适用性，同时积累一次管理评审活动记录，评审按程序文件要求进行。

2. 正式运行

通过内部审核、管理评审，对体系文件中不切合实际或规定不合适之处进行及时的修改，在一系列修改后，发布第 2 版管理手册、程序文件进行正式运行。

3.3.3　内部审核，准备认证

1）为了减少认证一次通过可能存在的某种风险，在由第三方正式审核之前，可以由内部审核机构组成类似的外部机构进行一次内部审核或请已确认的认证机构进行预审。

2）企业应本着对自己有利的观点选择认证机构，一般应从以下几个方面考虑：

① 客户要求；

② 企业所在地区：在选择认证机构时应在原则上既近又便；

③ 认证机构的认证范围和有效性；

④ 费用：正常认证收费和交通、食宿等其他费用。

3.3.4 正式审核，体系维持

1）接受所选择的认证机构的正式审核。

2）体系维持与提高：检查现场中问题，不断地改进和巩固；进一步完善体系文件，加强协调监督工作。

3.4 ISO20000 实施意义

1）保持服务目标与企业业务目标一致，有效地支持业务战略。

2）建立规范的服务流程，提高信息技术服务和运营效率。

3）有效及高效地整合和利用信息、基础架构、应用及人员等 IT 资源。

4）建立持续改进的服务管理机制，快速应对市场需求，提供客户满意度。

5）向国际标杆靠齐，增强市场竞争力，提高组织声誉，提升投资回报。

6）控制 IT 风险及相关的成本，提高与控制 IT 服务质量、降低长期的服务成本。

7）灵活应对来自客户、认证机构、内部机构等不同的合规审核要求，增加投资者信心。

对于众多 IT 服务提供商，ISO20000 认证的意义并不仅仅限于 IT 服务符合规程和提高服务质量。它在服务量化，员工绩效考核，衡量 IT 部门投资回报方面更具有积极的意义。

3.5 认证通过案例

1. 案例背景

某公司作为全球领先的制造业上市公司，近年来业务迅速增长。随着企业业务运营越来越依赖于 IT，公司对内部 IT 运维部门提出了更高的服务要求。

该公司 IT 运维部门承担着公司内部 IT 系统的支持维护工作，已经实施了 ITIL Support 流程、可用性管理、供应商管理等流程。但在内部 IT 服务管理方面仍存在着一些问题，如 IT 运维部门忙于事务处理、缺乏战略规划和管理，缺乏对 IT 运维部门的工作成果进行有效评估的流程和手段，不能有效协调用户满意度和 IT 运维资源之间的矛盾等。

ISO20000 作为 IT 服务管理的国际标准，经过多年的发展和完善，已经得到业界广泛的认可。通过咨询建立符合 ISO20000 定义的服务管理体系，可以进一步提高该公司内部 IT 服务水平，控制 IT 服务的风险，建立 PDCA 持续优化的 IT 管理和控制体系，缓解目前面临的矛盾，从而达到降低成本、控制风险、持续优化服务质量的目标。同时，通过 ISO20000 认证，能够提升公司核心业务竞争力。

2. 认证过程

1）服务管理体系现状评估和差异分析。

2）指导建立符合 ISO20000 标准的服务管理控制体系。进行 IT 服务总体规划、建立记录及文档管控方法、建立人员能力提升及培训机制、建立体系化的 PDCA 循环、构建管理评审和内部审核等。

3）指导完善已有流程、规划建立新的流程（包括：服务台、事件管理、问题管理、变更管理、配置管理、服务级别管理、IT 服务能力管理、可用性管理、IT 服务持续性管理、信息安全管理、供应商管理、业务关系管理、IT 服务财务管理及发布管理），满足 ISO20000 的要求。

4）培训与知识转移。

5）指导 ISO20000 体系的试运行，使管理体系和实际工作融为一体。

6）指导进行内部评审、协助进行外部审核，获得 ISO20000 国际证书。

3. 认证阶段（如图 3-3 所示）

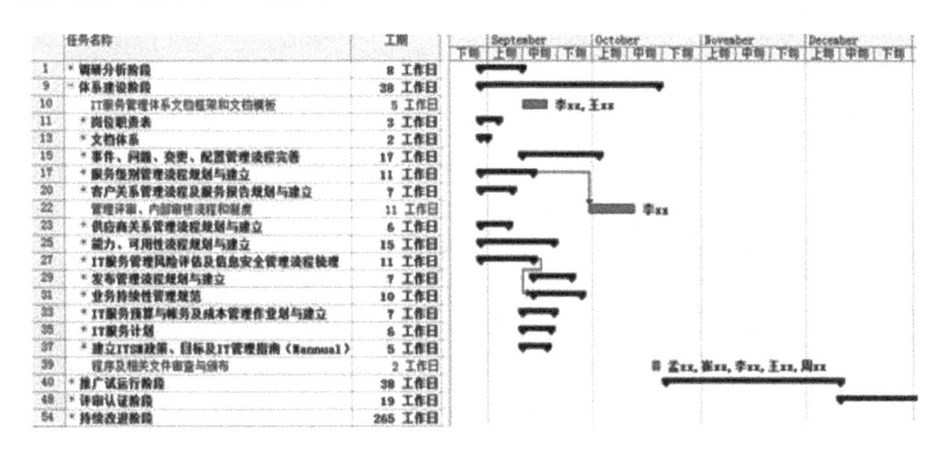

	任务名称	工期
1	* 调研分析阶段	8 工作日
9	- 体系建设阶段	38 工作日
10	IT服务管理体系文档框架和文档模板	5 工作日
11	* 岗位职责表	3 工作日
13	* 文档体系	2 工作日
15	* 事件、问题、变更、配置管理流程完善	17 工作日
17	* 服务级别管理流程规划与建立	11 工作日
20	* 客户关系管理流程及服务报告规划与建立	7 工作日
22	管理评审、内部审核流程和制度	11 工作日
23	* 供应商关系管理流程规划与建立	6 工作日
25	* 能力、可用性流程规划与建立	15 工作日
27	* IT服务管理风险评估及信息安全管理流程梳理	11 工作日
29	* 发布管理流程规划与建立	7 工作日
31	* 业务持续性管理规范	10 工作日
33	* IT服务预算与帐务及成本管理作业划与建立	7 工作日
35	* IT服务计划	6 工作日
37	* 建立ITSM政策、目标及IT管理指南（Mannual）	5 工作日
39	程序及相关文件审查与颁布	2 工作日
40	* 推广试运行阶段	38 工作日
48	* 评审认证阶段	19 工作日
54	* 持续改进阶段	265 工作日

图 3-3　认证阶段表格

1）调研分析阶段：前期调研分析的主要工作是对公司现状进行了解和分析，确定项目实施范围和详细计划，并对现有的体系结构进行梳理，通过差异分析，评估目前的服务管理水平和业务对 IT 服务的需求。

2）体系建设阶段：体系建设包括三个方面重点，第一是整体规划管理体系框架；第二是通过对服务项和服务目录的梳理，细化服务指标；第三是按照 ISO20000 定义的各个领域分别建立管理流程和文档体系，包括要求的四级文档结构，是本项目工作量最大的部分。本阶段需要项目小组成员的全力配合，参照 ISO20000 标准要求和管理现状需求，分优先顺序开展相关工作。

3）推广试运行阶段：在管理流程和体系建立完成后，通过培训和宣传方式在公司内部推广新的管理制度，并在运行过程中收集数据和事件；对试运行阶段的体系流程进行两阶段的内部审计，修正审计中发现的问题。

4）评审认证阶段：通过内部审计后，项目进入外部评审和认证阶段，项目组成员配合认证机构先后进行书面评审（第一阶段评审）和正式评审（第二阶段评审），在评审过程中针对发现的问题和缺失进行改善，最终获颁证书。

5）持续改进阶段：评审通过后，专家顾问组在获颁证书后的两年时间中，分两次对项目实施情况进行再评估和持续改善，进行追踪评审。

4. 部分通过认证的企业

中国石化集团公司；

华为软件技术有限公司；

中国移动通信集团有限公司；

中电投信息技术有限公司；

交通银行股份有限公司；

中国农业银行股份有限公司；

东软集团股份有限公司；

施耐德电气集团（中国）有限公司；

北京世纪互联宽带数据中心有限公司。

第4章

信息安全管理体系标准和认证 ISO27001 解读

4.1 ISO27001 是什么

4.1.1 简介

随着全球范围内信息化的高速发展，信息安全已成为各种组织（包括政府部门）以及普通民众关注的焦点，在全球范围内的各个机构、组织、个人都在探寻如何保障信息安全的问题。从本质上说，信息安全威胁是全球性的。一般来说，它将毫无差别地辐射到每一个拥有、使用电子信息的机构和个人。这种威胁在互联网的环境中自动生成并释放。更严重的问题是，其他各种形式的危险也在整日威胁数据安全，包括从外部攻击行为到内部破坏、偷盗等一系列危险。

ISO/IEC 27000 系列标准（又名 ISO/IEC 27000 标准系列，或“信息安全管理系统标准族”）是由国际标准化组织（ISO）和国际电工委员会（IEC）联合定制。该系列标准由最佳实践所得并提出对于信息安全管理的建议，并在信息安全管理系统领域中的风险防范及相关管控中加以应用。ISO27001 目前已经被普遍应用于软件、银行、电信、印刷、政府等领域。

4.1.2 发展阶段

ISO/IEC27001 信息安全管理体系前身为英国的 BS7799 标准 ，该标准由英国标准协会（BSI）于 1995 年 2 月提出，并于 1995 年 5 月修订而成。1999 年，BSI 重新修改了该标准。经过多年的不断改版，最终在 2005 年被 ISO 转化为正式的国际标准，目前国际采用进一步更新的 ISO/IEC27001：2013 作为企业建立信息安全管理的最新要求。该标准可用于组织的信息安全管理建设和实施，通过管理体系保障组织全方面的信息安全，采用 PDCA 过程方法，基于风险评估的风险管理理念，全面系统地持续改进组织的信息安全管理。

BS7799 分为两个部分：BS7799-1《信息安全管理实施规则》；BS7799-2《信息安全管理体系规范》。第一部分对信息安全管理给出建议，供负责在其组织启动、实施或维护安全的人员使用；第二部分说明了建立、实施和文件化信息安全管理体系（Information Security Management System，ISMS）的要求，规定了根据独立组织的需要应实施安全控制的要求。

4.1.3 实施好处

1）对组织外部：

- 增强顾客信心和满意；
- 改善对安全方针及要求的符合性；
- 提供竞争优势。

2）对组织内部：

- 改善总体安全；
- 管理并减少安全事件的影响；
- 便利持续改进；
- 提高员工动力与参与；
- 提高盈利能力。

4.1.4 标准特点

ISO/IEC27000 信息安全管理体系是建立和维持信息安全管理体系的标准，标准要求组织通过确定信息安全管理体系范围，制定信息安全方针，明确管理职责，以风险评估为基础选择控制目标与控制措施等一系列活动来建立信息安全管理体系；体系一旦建立，组织应按体系的规定要求进行运作，保持体系运行的有效性；信息安全管理体系应形成一定的文件，即组织应建立并保持一个文件化的信息安全管理体系，其中应阐述被保护的资产、组织风险管理方法、控制目标与控制措施、信息资产需要保护的程度等内容。ISO/IEC27001：2013 作为企业建立信息安全管理体系的最新要求，体系包括 14 个控制域、35 个控制目标、114 项控制措施。

4.1.5 适用范围

ISO/IEC27001 的适用范围就是需要重点进行管理的安全领域。组织需要根据自己的实际情况，可以在整个组织范围内、也可以在个别部门或领域内实施。因此应提前将组织划分成不同的信息安全控制领域，这样做易于组织对有不同需求的领域进行适当的信息安全管理。在定义适用范围时，应重点考虑组织的适用环境、适用人员、现有 IT 技术、现有信息资产等因素。

4.2 信息安全

4.2.1 信息安全要素

信息安全管理体系可以系统化地管理信息安全，信息安全主要包括保持信息的保密性（信息不能被未授权的个人、实体或者过程利用或知悉的特性）、完整性（准确和完备的特性）和可用性（根据授权实体的要求可访问和使用的特性）。

信息安全单纯通过技术手段实现有一定的局限性，需要从系统全局的角度进行完善的管理，其中可通过 GB/T 22080—2016/ISO/IEC27001：2013 实现信息安全的管理。

4.2.2　管理体系

管理体系如图 4-1 所示。

<table>
<tr><td colspan="5">安全策略(Security policy)</td></tr>
<tr><td colspan="5">组织信息安全(Organizing information security)</td></tr>
<tr><td rowspan="5">人力资源安全(Human resources security)</td><td colspan="4">资产管理(Asset management)</td></tr>
<tr><td colspan="4">访问控制(Access control)</td></tr>
<tr><td colspan="4">密码学(Cryptography)</td></tr>
<tr><td>物理与环境安全(Physical and environmental security)</td><td>操作安全(Operations security)</td><td>通信安全(Communications security)</td><td>信息系统获取、开发和维护(Information systems acquisition, development and maintenance)</td></tr>
<tr><td colspan="4">供应关系(Supplier relationships)</td></tr>
<tr><td colspan="5">信息安全事件管理(Information security incident management)</td></tr>
<tr><td colspan="5">信息安全方面的业务连续性管理(Information security aspects of business continuity management)</td></tr>
<tr><td colspan="5">符合性(Compliance)</td></tr>
</table>

图 4-1　管理体系

4.2.3　主要内容

首先，从标准结构来看，管理体系的框架分 7 章进行描述，分别为：组织环境、领导力、规划、支持、运行、绩效评价和持续改进。每章的内容都很简单，仅仅是提出了要求，却没有要求一定要怎样做，组织必须自己理解或者聘请有能力的人员来帮助完成这些管理过程的设计和实施。框架建立的质量将决定一个具体的管理体系设计实施的效果。现在，我们来了解一下管理框架的基本内容。

1. 组织环境

组织需要建立组织环境管理的基本方法并识别组织的基本环境信息，其实所谓的组织环境也就是我们常说的组织的基本情况，例如组织业务及业务特点、来自外部的限制条件和约束、内部的限制条件和约束、相关方及其特点等，这些都会影响体系的设计效果，就像设计一个建筑要了解地质条件和人文环境一样重要。

2. 领导力

没有管理层的支持就没有资源，因此要明确管理层的责任。管理体系要实现的组织管理目的其实就是管理层的管理目的，管理层在管理体系里面一个重要的责任就是要明确提出管理目的，也就是我们常说的确定方针，如果缺少这个环节，设计出的管理体系就不会得到管理层的支持。除此之外，为了实现管理目的，还需要管理层提供资源，分配职责和赋予权力。

3. 规划

有了方针，自然要去实现它，管理体系的方针实现过程就是通过建立与方针保持一致的目标来实现，因此在规划阶段要建立逐级分解的目标，一般目标分为上层目标和下层目标，上层目标为下层目标提供方向，下层目标对上层目标进行支撑，分解为多少层与组织的组织架构和管理结构有直接关系，重点是要分解到可以通过活动来实现的层级。并不是每一个目标分解的层级都是一样的，需要根据实际情况来确定。在规划的环节，还应充分考虑组织的风险管理，在目标实现过程中，总是会有各种因素影响目标的实现，这些因素需要进行识别并得到有效控制。但这些因素的识别不要盲目采用那些所谓放之四海而皆准的列表，而是要结合组织自己的情况来针对性识别，也就是要充分利用识别的组织环境信息。基于上述活动，组织就可以建立起贴合实际的目标实现计划。

组织还需注意的是，风险管理是动态的，随着组织环境的变化，风险也会变化，因此组织需要建立有效的风险管理过程和风险评估方法。

4. 支持

从体系建设之初，对资源的需求就开始了，该章正式提出了建立、运行、维护和持续改进管理体系所需要的支持，因此可以看出，标准的章节并不是按体系建设执行顺序来写的，不是要等规划完成后再考虑支持资源的提供和支持活动的建立。管理体系的支持主要从资源管理、人员能力管理、意识管理、沟通管理和文档管理等方面提出要求。这些方面，组织根据实际情况或者根据现有的管理情况确定管理过程即可。

5. 运行

由于资源和能力限制，运行不一定要把规划好的活动和管理过程全部进行实施和投入运行。实际情况是，管理体系的建立和运行在不同规模的组织内需要 1 ~ 3 年的时间才能够相对完善。因此建设运行计划很重要，组织需要根据组织的管理现状、资源限制情况、相关方要求的影响程度等多个方面，建立可行的建设运行计划。对于那些必须满足的要求、急需解决的问题、对组织有重大影响的风险，需要集中资源重点进行实施和运行；对于那些对业务影响比较大，需要反复论证和测试的，可以单独作为项目进行管理和实施；对于自我实现成本过高的可以通过外包的形式进行实现；对于时间要求不紧迫的方面，可以在时间表上缓一缓。一个好的建设运行计划，可以保证体系有条不紊地运行。

6. 绩效评价

绩效评价设计的好坏，直接影响着管理体系在管理层心目中的形象。这个环节是否能够很好地进行设计和实施，取决于规划环节目标对方针的支持程度和目标层级的设计是否合理，因为管理体系是否实现管理层的管理目的要看方针和目标是否得到实现。当然，这只是一个方面，有了好的目标框架设计，还需要好的绩效评价方法和评估实施过程。很多组织会建立单独的绩效评价方法和过程，但实际上，内部审核是非常好的绩效评价手段。所谓内部审核，就是组织对自己体系运行情况的评价活动，主要用来区别于第三方审核。组织可以任意设计内部审核的方式和频率，不需要每年一次，更不需要由几个人员来完成整个组织的内部审核工作。组织可以为每一个影响管理目标的管理过程和管理措施，甚至是活动和岗位，设计评价指标、评价方法、评价频率并指定评价人员。将管理体系的内部审核工作分散到各个部门、各个团队，定期或不定期地由相关人员提供信息和数据，然后由专门的部门或岗位对信息和数据进行汇总分析，从而实现绩效的评价。但需要注意的是，评价方法、抽样方式和频率、绩效计算公式等方面要进行详细、科学、合理的设计才会实现预期的目的。

性能评价也是绩效评价的一种方式，管理评审方式比较直接，由管理层直接作出评价。当然，管理层需要内部审核的结果和体系运行的其他信息来进行综合评价。管理层的评价很重要，直接决定接下来其是否会更好地支持管理体系的运行工作。

7. 持续改进

绩效评价是持续改进的一个重要输入，对于存在的问题和无法实现预期目标的方面都要进行改进。

4.2.4　信息安全标准

ISO/IEC27001：2013 对信息安全管理给出建议，供负责在其组织启动、实施或维护安全的人员使用。该标准为开发组织的安全标准和有效的安全管理做法提供公共基础，并为组织之间的交往提供信任。

标准指出“像其他重要业务资产一样，信息也是一种资产”。它对一个组织具有价值，因此需要予以合适的保护。信息安全的目标是防止信息受到的各种威胁，以确保业务连续性，使业务受到损害的风险减至最小，使投资回报和业务机会最大。

信息安全是通过实现一组合适的控制获得的。控制可以是策略、惯例、规程、组织结构和软件功能。需要建立这些控制，以确保满足该组织的特定安全目标。

ISO/IEC27001：2013 包含了 127 个安全控制措施来帮助组织识别在运作过程中对信息安全有影响的元素，组织可以根据适用的法律法规和章程加以选择和使用，或者增加其他附加控制。ISO 在 2005 年对 ISO17799 进行了修订，修订后的标准作为 ISO27000 标准族的第一部分——ISO/IEC 27001，新标准去掉了 9 点控制措施，新增了 17 点控制措施，并重组部分控制措施而新增一章，重组部分控制措施，关联性逻辑性更好，更适合应用；并修改了部分控制措施措辞。修改后的标准包括 14 章：

1）信息安全策略。指定信息安全方针，为信息安全提供管理指引和支持，并定期评审。

2）信息安全的组织。建立信息安全管理组织体系，在内部开展和控制信息安全的实施。

3）人力资源安全。确保所有员工、合同方和第三方了解信息安全威胁和相关事宜以及各自的责任，义务，以减少人为差错、盗窃、欺诈或误用设施的风险。

4）资产管理。核查所有信息资产，做好信息分类，确保信息资产受到适当程度的保护。

5）访问控制。制定访问控制策略，避免信息系统的非授权访问，并让用户了解其职责和义务，包括网络访问控制，操作系统访问控制，应用系统和信息访问控制，监视系统访问和使用，定期检测未授权的活动；当使用移动办公和远程控制时，也要确保信息安全。

6）密码学。密码算法技术，密码算法技术应用主要是确保信息在传送的过程中不被非法人员窃取、篡改和利用，同时接收方能够完整无误地解读发送者发送的原始信息。

7）物理和环境安全。定义安全区域，防止对办公场所和信息的未授权访问，破坏和干扰；保护设备的安全，防止信息资产的丢失，损坏或被盗，以及对企业业务的干扰；同时，还要做好一般控制，防止信息和信息处理设施的损坏和被盗。

8）操作管理。制定操作规程和职责，确保信息处理设施的正确和安全操作；建立系统规划和验收准则，将系统失效的风险降到最低；防范恶意代码和移动代码，保护软件和信息的完整性；做好信息备份和网络安全管理；建立媒体处置和安全的规程，防止资产损坏和业务活动的中断；防止信息和软件在组织之间交换时丢失，修改或误用。

9）通信安全。是为了确保信息在网络中的安全，确保其支持性基础设施得到保护，防止对网络和应用系统的非法访问。

10）系统采集、开发和维护。标示系统的安全要求，确保安全成为信息系统的内置部分，控制应用系统的安全，防止应用系统中用户数据的丢失，被修改或误用；通过加密手段保护信息的保密性，真实性和完整性；控制对系统文件的访问，确保系统文档，源程序代码的安全；严格控制开发和支持过程，维护应用系统软件和信息安全。

11）供应商关系。目的是关注供应商以及其他用户访问企业资产带来的风险，对于重要的系统和对外的访问，进行安全的传输技术，以此来保证信息在传输过程中的安全，避免被非法用户窃取、篡改和利用。

12）信息安全事故管理。报告信息安全事件和弱点，及时采取纠正措施，确保使用持续有效的方法管理信息安全事故，并确保及时修复。

13）业务连续性管理。目的是为减少业务活动的中断，使关键业务过程免受主要故障或天灾的影响，并确保及时恢复。同时要求企业识别信息系统可用性的业务需求，如果现有系统框架不能保证可用性，应该考虑冗余组建或架构。在适当情况下，对冗余信息系统进行测试，保证在发生故障时可以从一个组件顺利切换到另外一个组件。

14）符合性。信息系统的设计、操作、使用过程和管理要符合法律法规的要求，符合组织安全方针和标准，还要控制系统审计，使信息审核过程的效力最大化，干扰最小化。

4.3 认证流程

4.3.1 策划准备阶段

策划与准备阶段主要是做好建立信息安全管理体系的各种前期工作。内容包括教育培训、拟定计划、安全管理发展情况调研，以及人力资源的配置与管理。

同时需明确信息安全管理体系适用的范围，即需要重点管理的安全边界。组织应根据内部实际管理情况，考虑对整体或个别部门进行实施。在定义范围时应全面评估人员、资产以及环境。

4.3.2　现状调查与风险评估

依据有关信息安全技术与管理标准，对信息系统及由其处理、传输和存储的信息的机密性、完整性和可用性等安全属性进行调研和评价，以及评估信息资产面临的威胁以及导致安全事件发生的可能性，并结合安全事件所涉及的信息资产价值来判断安全事件一旦发生对组织造成的影响。

4.3.3　建立信息安全管理框架

信息安全管理体系要规划和建立一个合理的信息安全管理框架，要从整体和全局的视角，从信息系统的所有层面进行整体安全建设，从信息系统本身出发，根据业务性质、组织特征、信息资产状况和技术条件，建立信息资产清单，进行风险分析、需求分析和选择安全控制，准备适用性声明等步骤，从而建立安全体系并提出安全解决方案。

4.3.4　体系文件资料编制

建立并保持一个文件化的信息安全管理体系是 ISO/IEC27001 标准的总体要求，编写信息安全管理体系文件是建立信息安全管理体系的基础工作，也是一个组织实现风险控制、评价和改进信息安全管理体系、实现持续改进不可少的依据。在信息安全管理体系建立的文件中应该包含有：安全方针文档、适用范围文档、风险评估文档、实施与控制文档和适用性声明文档。

4.3.5　体系运行与改进

信息安全管理体系文件编制完成以后，组织应按照文件的控制要求进行审核与批准，并发布实施，至此，信息安全管理体系将进入运行阶段。在此期间，组织应加强运作力度，充分发挥体系本身的各项功能，及时发现体系策划中存在的问题，找出问题根源，采取纠正措施，并按照更改控制程序要求对体系予以更改，以达到进一步完善信息安全管理体系的目的。

4.3.6　体系认证审核

体系认证审核是为获得审核证据，对体系进行客观的评价，以确定满足审核准则的程度所进行的系统的、独立的并形成文件的检查过程。体系审核包括内部审核和外部审核（第三方审核）。内部审核一般以组织名义进行，可作为组织自我合格检查的基础；外部审核由外部独立的组织进行，可以提供符合要求的认证或注册。

至于应采取哪些控制方式，则需要周密计划，并注意控制细节。信息安全管理需要组织中所有雇员的参与，比如为了防止组织外的第三方人员非法进入组织的办公区域获取组织的技术机密，除物理控制外，还需要组织全体人员参与，加强控制。此外还需要供应商，顾客或股东的参与，需要组织以外的专家建议。信息、信息处理过程及对信息起支持作用的信息系统和信息网络都是重要的商务资产。信息的保密性、完整性和可用性对保持竞争优势、资金流动、效益、法律符合性和商业形象都是至关重要的。

4.4 ISO27001 实施意义

1）识别信息安全风险、增强安全防范意识。
2）明确安全管理职责，强化风险控制责任。
3）明确安全管理要求，规范从业人员行为。
4）保护关键信息资产，保持业务稳定运营。
5）防止外来病毒侵袭，减小最低损失程度。
6）树立公司对外形象，增加客户合作信心。

4.5 认证通过案例

1. 案例背景

某数据中心分别在三个城市建有机房，专业从事全国性互联网数据中心业务。该数据中心现运营面积 20000m^2，可容纳 3000 个机架，为客户提供企业接入、主机托管、虚拟主机、网络安全、网络加速、数据备份、网站建设、网站集成、网络智能监测、VPN 等电信服务。

2. ISO27001 认证需求

客户的需求不只是单纯的托管和租赁，客户对服务的质量、可用性、安全性提出了更高的要求。数据中心提出“安全可靠、服务客户、严谨专业、诚信合作”的管理方针，为客户提供高安全性、高可靠性的托管服务成为数据中心的工作重心。数据中心需要摒弃以往的响应式的管理模式，实现以预防为主的管理机制，降低信息安全风险，减少信息安全事件带来的损失，提高客户满意度，ISO27001 的引入就成为企业实现“五心——有信心、有耐心、有决心、有虚心、有安心”战略的重要举措。

3. ISO27001 认证收益

将 ISO27001 信息安全管理的理念融入和贯彻到例行维护、故障维修、业务开通、物理环境安全管理等 IDC 网络运营各项工作中，建立了一张完备的信息安全“保护网”。中心通过 ISO27001 认证，标志着数据中心信息安全管理迈上了新台阶，在提升安全管理的同时，也为客户提供更高可靠性的服务保障，有助于增强客户及合作伙伴对我们的信心与信任，并将进一步提升 IDC 业务的影响力与竞争力。

4. 部分通过认证的企业

中金数据系统有限公司；

广发银行股份有限公司；
用友网络科技股份有限公司；
中国农业银行股份有限公司；
东软集团股份有限公司；
晋商银行股份有限公司；
兴业银行股份有限公司；
中国邮政速递物流股份有限公司。

第 5 章

业务连续性管理体系标准和认证 ISO22301 解读

5.1 ISO22301 是什么

5.1.1 简介

ISO22301 业务连续性管理体系框架用于帮助并指导企业或组织制定一套一体化的管理流程计划，使企业或组织对潜在的灾难加以识别分析，帮助其确定可能产生的影响对企业或组织运作造成的威胁，并提供一个有效的管理机制来阻止或抵消这些威胁，减少灾难事件给企业或组织带来损失。

5.1.2 发展阶段

业务连续性管理（Business Continuity Management，BCM）的历史可以追溯 20 世纪 60 年代，那时 BCM 的思想和方法是包含在风险管理、危机管理等理论中的，并未作为一门单独的学科来独立研究。那时人们关注的主要是事件本身造成的直接损失，如人和物方面的损失，而对事件造成的其他损失并未给予足够重视。计算机系统在解决系统持续运行的问题时，率先对单点故障采用了冗余措施，这就是最早 BCM 思想的开端。

20 世纪 70 年代，出现了容灾恢复的概念。1979 年，SunGard 公司在美国费城建立了全世界第一个灾难备份中心，那时候人们在 IT 方面关注的主要是数据备份。金融组织，如银行和保险公司大都将备份磁带存储在远离主中心的其他地点。灾难主要是火灾、水灾、暴风或其他物理损坏。到了 20 世纪 80 年代，随着计算机技术的迅速发展，人们对于计算机技术的依赖性增强，对数据安全提出了新的要求，这就产生了一种新技术——灾难恢复技术，而灾难恢复是为了业务的持续运营，业务连续性的概念应运而生。这时出现了很多商业恢复中心，在共享设备上提供计算服务，但重点还是在 IT 的恢复。到了 20 世纪 90 年代，IT 出现了重大的革命，灾备建设已经从原来的 IT 范畴提升到关注业务连续性规划的高度，在 IT 技术之外，BCM 中加入了业务影响分析、风险分析、灾备策略、恢复预案、演练培训等内容。在恢复过程中涉及了更多业务流程、资源调配、人员组织和策略制定。

近20年间，更多的企业开始认识到BCM的重要性，BCM因此开始被广泛关注。如今，业务连续性管理已经成为包括灾难恢复、危机处理、供应链管理和企业可持续发展等的管理类综合问题。

其实BCM在近20年前被提出时，相关的政府机构和行业协会，如美国的灾难恢复协会（DRII）、美国联邦应急管理署（FEMA）、美国国家应急管理协会（NEMA）、美国国家消防协会（NFPA）、英国的业务持续管理协会（BCI）和英国标准协会（BSI）等早已引入和应用BCM，并在制定BCM标准规范中做了大量有价值的工作。自2001年“9·11”事件之后，欧美各国及澳大利亚、新加坡、日本等国在政府的推动下进一步加快了BCM理论研究和实践活动。

2008年4月，英国标准协会（BSI）向全球发布了专门的业务连续性管理BS25999标准。该标准和规范为世界范围内BCM的应用打下了良好的基础，便于相关机构及企业参照遵循建立适合自身需要的业务连续性管理体系（Business Continuity Management System，BCMS）。2012年5月国际公认的BS25999英国标准被ISO22301正式取代。ISO22301管理体系框架能够帮助组织机构或企业制定一套一体化的管理流程计划，对潜在的灾难加以辨别分析，帮助其确定可能发生的冲击对组织机构或企业运作所造成的威胁，并提供一个有效的管理机制来组织或抵消这些威胁，减少灾难事件带来的损失。与BS25999相比ISO22301拥有更高更广泛的国际认可度。

BCM已经把灾备提升到了管理问题的新高度，而要保持业务连续性，最大的威胁并不是自然灾害这种小概率事件，而是潜伏在企业日常生产运营过程中的流程设计缺陷，一般情况下，这种设计缺陷并不明显，但一旦发生会给企业带来致命的打击。所以，现在的BCM更多的是企业整体流程合理性的设计规划。

5.1.3 实施好处

从整个行业或体系、甚至社会来讲，随着经济、金融全球化和信息技术发展加速，行业中各机构的关联度也逐步提升，甚至国家与国家之间的外部依赖度也不断加强，单个机构的运营中断可能产生蝴蝶效应，使风险迅速大范围扩散，这点在金融行业体现尤为突出。美国“9·11”事件的案例中，摩根士丹利公司通过BCMS，不仅在关键时刻拯救了其自身，也在一定程度上挽救了全球的金融行业。由此可见，业务连续性管理的实施对于提高整个金融行业的抗风险性和稳定性，对整个行业长期、可持续健康发展具有深远的意义。

金融行业的抗风险性和稳定性对于整个社会在公共安全事件发生时的运行稳定，又是至关重要的一个环节。在我国汶川地震时，首家银行进入灾区已是3天以后；而经过随后银行业BCM的不断完善，在我国雅安地震时，雅安地区291个银行业金融机构网点中有152个网点受灾，四川银监局已要求各级银监机构和银行业金融机构立即启动应急预案，而各机构也通过抢修开通以及开设帐篷银行、汽车流动银行等多种形式，在银监部门指导协助下，24小时内部分银行业金融机构网点就已恢复营业。来自Strategic Research的研究报告表明，在社会所有行业中，银行业等金融机构是在业务中断时受到经济影响最为重大的行业，每小时可能带来的经济损失高达6.5亿美元之巨。可以计算一下从3天到24小时的恢复时间的变化，所带来的经济上的效益。

除了上述好处外，BCM还可在诸如人力资源管理等领域获得意外的收获。在整个BCMS中，离不开的一个关键核心资源就是“人”。员工是企业最重要的资产之一，BCMS将综合分析和评估对员工人身安全产生威胁的事件，并制定各事件项下的应对策略，更好的保护员工的生命安全，也让员工有更强烈的安全感、归属感和忠诚度，更好地为机构服务，服务社会。例如2013年，上海遭遇1999年来最大暴雨，这场暴雨考验的不只是城市排水系统、政府应急机制或是个人的“防水”能力，也可能影响着员工对公司在“人性化程度”上的打分，而公司是否有采取“人性化措施”的机制，往往取决于公司突发事件的应对能力。例如某银行在知悉暴雨预警后就启动了暴雨应急预案，除了对办公场所和营业网点的设备等资源做了必要的灾备措施以外，启用相应的业务恢复策略机制，通过行内OA邮件系统发送关键岗位远程办公及非关键岗位人员休假的通知。而部分未建立相应BCP（业务连续性计划）机制的银行员工，他们中的很多人次日仍顶风冒雨踏水上班，甚至有些员工到达公司后才被告知可以停工休息。两相比较，员工的归属感必然高低立显。

从长远来看，BCM的价值并非仅仅是企业应对灾难、提高生存能力的工具，在许多发达国家，BCM已成为改善经营管理、承担社会责任的基本准则，是机构提高风险预测和快速应对能力，适应需求变化和威胁，保持竞争优势的重要基础。

根据CMI组织近年对英国国内全行业的BCM开展情况的调查，发现：已有85%的银行业、保险业机构采用了BCM理念管理企业运营中断风险。其主要驱动力为企业内部管理需要，外部监管及法律法规要求，以及审计需要。其中69%的企业采用了业务影响分析（Business Impact Analysis，BIA）作为BCM的基础，81%的受访经理表示业务连续性管理以及业务连续性计划（Business Continuity Planning，BCP）的建立对其企业的稳定运营有极大的帮助，且BCM在中断事件时发挥的减损效益大于其实施成本。

5.1.4 标准特点

ISO22301作为BCM领域的国际标准，其成熟度、理念的先进性、专业性是全球范围内组织机构及企业建设BCM所参照的权威标准。此标准来源于实践与理论的结合，是经历长期企业实践的成功及失败经验的积累。

GB/T 30146—2013/ISO22301：2012《公共安全　业务连续性管理体系　要求》将帮助所有的组织，无论其规模大小、地域或开展的活动如何，在处理任何类型的风险时能更好地应对并更具信心。在任何时候事故都能使组织的业务中断，采用ISO22301标准将保证组织能够应对事故并保证其业务的持续运行。事故发生有多种类型，从严重的自然灾害和恐怖主义活动到与技术相关的事故和环境事故。然而，许多事故虽然小，但能产生严重的影响，这在任何时候都与BCM紧密相关。目前，BCM已经引起全球的关注，无论是公共或私有部门的组织都必须了解如何准备和应对意外的破坏性的事故发生。ISO22301标准为BCMS的策划、建立、实施、运行、监视、评审、保持和持续改进提供了框架。当破坏性的事故发生时，该标准将有助于组织的防护、准备、响应和恢复。实施 ISO22301 标准的组织将能够向立法部门、执法部门、消费者和潜在消费者以及其他的利益相关方证明，他们满足了 BCM 良好规范的要求。同时，该新标准也可用于组织内部按照良好规范进行内部检查，并通过内审员出具管理报告。ISO22301 将帮助组织在设计 BCMS 时适宜地满足自身的要求和满足其利益相关方的要求，这些要求涉及：法律法规、组织和行业因素、组织的产品和服务、组织的规模和结构、组织的过程和其利益相关。

ISO22301：2012 是以 ISO/IEC20000 管理体系标准所依据的“策划-实施-检查-处置（PDCA）”循环模式为基础创建的，其主要特点有：规定了 BCMS 的要求；BCMS 的采用和取得对标准实施的认证，可以证明企业已做好准备，可以应对灾难性事件的发生并且应该能够持续保持现状；规定的要求具有广泛的适用性，可以适用于任何类型或规模的企业；可以将危机和灾难性事件造成的财务影响最小化。

目前，ISO22301 标准已得到国际认可，它强调制定目标、监测性能和指标，对企业的管理层提出了更高的期望，对业务连续性计划的制定提出了更高的要求。按照 ISO22301：2012 的规定推广应用 BCMS 要求，将可以使企业向员工、顾客、供应商、股东等利益相关方证明，企业已经做好应对危机和灾难性事件的准备，否则，可能会严重影响企业目标的实现。企业如果没有建立与运行 BCMS，面对灾难性的事件时将会措手不及，将会造成严重的后果，如客户流失、声誉受损、资金损失，甚至可能倒闭。

在当今经济全球化的背景下，面对巨大的商业和社会变化，以及各种灾害和事故因素的挑战，理解 BCMS 的目的和价值具有重要意义。我国企业应很好地了解 ISO22301：2012 标准的要求和内涵，建立 BCMS，并且将实施 BCMS 作为一个切实可靠的策略，用以保护企业利益相关方的利益，同时将危机和灾难性事件造成的负面影响降至最低。

5.1.5　适用范围

任何组织机构或企业都存在着或大或小的风险，只是这风险是否发生、何时发生等情况不容易被预测而已。企业管理者通常要具备“三识”：知识、见识及胆识，企业的运营风险也应该常存在管理者的心中，做好避免风险、降低风险、转移风险或接受风险的准备，以有备无患的预防思维为基础，一旦风险发生也能使企业连续业务不致中断或造成企业倒闭事件。

企业“生于忧患、死于安乐”的情形时有所闻。企业的经营原本就是处在竞争中，否则为什么有调查数据显示只有十分之一的企业能继续存活下来，而十分之九的企业在创业初期就遭到淘汰。那些存活下来的企业则又面临其他难以预料的风险，例如火灾、风灾、地震、法律、技术、人员、信息、财务、金融等。

这些潜藏的风险如何规避？ISO22301 提出一套管理的模式，希望减少风险的发生或风险发生后的损失。风险的发生不是可以预期的，2008 年的金融风暴淘尽多少意气风发的企业，逃过一劫的企业多半已经伤筋动骨正在休养生息等待再起。

ISO22301 可于组织中提供有关了解、发展及执行业务连续性的基础。让人们有信心完成企业对企业间，以及企业对顾客间的各种交易。通过此项验证，等于向重要利害关系人保证组织机构或企业已完全做好准备，同时也符合来自内部、法规及客户的各种要求。

ISO22301 让组织无论面临何种影响，均可连续运营。即使面临影响，ISO22301 也能协助组织持续运营。不论是何种规模企业、产业、公共或私人部门、制造业或服务业等，均适合采用符合 ISO22301 的 BCMS。其可提供全球机构一种共通语言，尤其是供应链既长且复杂的企业。

ISO22301 特别适合营运环境具有高度风险的企业使用。在这类环境中，业务连续性的能力对于企业、顾客及利害关系人均至关重要，包括能源、金融、通信、运输及公共部门等产业。

5.2 业务连续性管理

5.2.1 业务连续的必要性

近年来，国际国内的各类重大灾难案例给各个组织带来很大的警醒，这些灾难事件对人类生命、环境、经济、政治、金融等领域造成重大损失和冲击。风险无处不在，只有对风险进行充分识别，对风险进行科学评估，并对风险进行差别化处置对待，做好充分的风险防范措施后才能在风险发生时造成的损失是最小的。

任何组织的业务中断都会带来或多或少的损失，这些损失有可能是经济的，也有可能是声誉的。业务中断的时长也对组织的损失影响极大，国家、行业监管部门也对业务的持续开展有要求，对业务中断影响的范围及时长有严格的处置流程和措施。

基于以上原因，各个组织实施 BCM 势在必行，大到国计民生的政府企业，小到家庭个人，都应该重视起来，整体提升应对能力、减轻减小损失，最大程度的保护人员生命和资产。

5.2.2 管理体系

各个组织或企业都会面临的典型的市场风险，还可能发生由火灾、自然灾害、疾病暴发、恐怖袭击及其他特殊事件引起的突发事故。许多组织或企业缺乏有效的备用体系，面临对业务运营的威胁恢复能力较差。由于处理突发事故的规划不充分，资源分配不均匀，当这些事件发生时，这样的公司将承担更高的成本。突发事件可能导致质量和效率的降低，反过来将导致利益相关者的信心丧失。

ISO22301 是已开发的一套国际框架和基准，用来引导组织或企业识别对组织或企业关键业务功能的潜在威胁，并建立有效的备用体系和流程，以保障利益相关者的利益。它指定了计划，实施，监督，审查和改进企业的 BCM 的具体要求，从而最大限度地减少突发事件造成的影响。

ISO22301 提供正规的业务连续性指南，将在突发事件发生期间和之后，保持业务运营。

它的目的是尽量降低对产品和服务的影响，确保仍然能够交付产品，或及时恢复运营。该标准适用于在任何行业的各种规模的组织或企业，尤其是在高风险或复杂的环境中运营的全球性企业，立即恢复运营对这类公司是最为重要的。

GB/T 30146—2013/ISO22301：2012 业务连续性管理体系是国内同等转换 ISO 业务连续性管理体系的国家标准。“业务连续性”的概念来源于计算机技术中的“容灾”和“恢复计划”，是一个组织整体或部分过程持续运行能力的指标。经过多年发展，“业务连续性”已广泛应用于各种规模的生产型和服务型组织，并进一步发展成为 BCMS，成为各个组织整体管理体系中的核心部分。BCMS 采用 PDCA 的过程方法，通过对风险的识别、分析和预警来帮助组织规避潜在事件的发生，并且制定完备的业务连续性计划（BCP），有效地应对中断发生后的快速恢复，保持核心功能正常运行，将损失和恢复成本降至最低。

BCMS 是多个过程的集合，它将组织管理体系中的各个环节联系并统一起来，为识别的风险制定适宜的风险策略和风险计划，并且为组织制定一套有效的业务连续性计划演练和测量方案。BCMS 广泛适用于信息安全、信息技术服务、公共服务、社会组织等社会服务行业，同时还适用于各种规模的商业、金融业、加工制造业等风险级别较高的组织。

业务影响分析（BIA）是 BCMS 的核心过程之一，它通过评估组织的产品或服务活动发生中断时所产生的影响程度，来确定产品或服务的优先级、恢复顺序和指标。BIA 包括业务范围界定和数据采集分析、业务重要性分析、资源分析、确定优先级和恢复顺序等几个步骤。

以 IT 服务企业为例，BIA 首先要确定 BCMS 的覆盖范围，包括（服务级别协议 SLA）、多场所，并通过人员访谈、讨论和问卷调查等方法收集组织内部及相关方中曾经发生和有可能发生的影响 IT 服务业务连续性的因素和过程，包括软硬件配置、人员能力、法律法规、客户需求、电力和消防等支持系统。然后使用定性分析和定量分析相结合的方法，依据收集来的因素和过程对 IT 服务功能和中断的影响程度进行分析，初步确定各项服务的重要程度，如关键服务、重要服务、可暂缓服务等。再然后分析正常运行 IT 服务和中断后恢复所必需的资源，和资源间的相互关系。最后确定服务的优先级和恢复顺序，以及服务恢复指标，通常使用“恢复时间目标（Recovery Time Objective，RTO）”和“恢复点目标（Recovery Point Objective，RPO）”作为恢复指标。

5.2.3　主要内容

BCM 活动是持续不断的过程，在 BCM 方法论中采用生命周期的方式来描述这个周而复始的规律活动。

BCM 作为一个应对灾难场景并组织恢复自救的一体化管理流程，它不是个简单的传统的一次性项目实施过程，而是一个持续不断、保持生命力的封闭循环过程。国际灾难恢复协会（DRII）提出了业务连续性规划生命周期的 8 个步骤，这是一个始终不断进行的循环过程。

1. 项目规划（Project Planning）

项目规划主要是确定 BCM 项目的需求和所需资源，以及获得高管层的支持，并成立 BCM 组织机构，制定和管理 BCM 项目各阶段的规划。高管层的积极支持和得力的 BCM 组织机构，是确保 BCP 项目成功的关键。

2. 风险评估与分析（Risk Assessment & Analysis，RA）

风险评估与分析主要是识别组织机构所可能面临的风险和威胁，并估算其发生的可能性，以及应该采取的控制措施，从而避免或减小所产生的损失。预防为主是永恒的真理。进行充分的风险评估与分析，采取合理的预防措施，是使企业免受灾难影响的首要任务。

3. 业务影响分析（Business Impact Analysis，BIA）

业务影响分析主要是确认组织机构的关键业务功能或流程及其相互关系，以及支持这些功能运行所需的资源和重要记录，并对这些功能或流程在灾难发生时可能受到的影响进行定量或定性的评估，从而确定其 RTO、互依赖性和优先级别等。BIA 的结果是否准确和全面，是制定出有效恢复策略的决定因素。此步骤并非一定在 RA 步骤完成之后进行，也可能同时进行，应根据具体情况而定。

4. 策略制定（Strategy Development）

策略制定主要是根据 BIA 的结果来为整个组织机构制定可行的业务持续和恢复的策略。在此步骤中，通过对各种满足 BIA 结果的策略（或解决方案）及其所需资源进行成本效益分析，经过综合考虑后最终选出最合适的业务恢复策略，并向高管层汇报，以得到批准。

5. 计划编制（Plan Development）

计划编制主要是编写业务持续、恢复及重建所需的各种计划和程序，包括业务持续计划、灾难恢复计划、应急响应计划和程序、危机沟通程序等。所有计划应涵盖业务恢复生命周期（6R 模型）的各个方面，并且还要确保各计划之间的协调一致性。还应制定计划分发和控制的规则而保证计划得到贯彻执行及其安全保密要求。

6. 认知与培训（Awareness & Training）

认知与培训主要是使组织机构的全体人员都能参与 BCM 活动并充分了解各种相关计划。通过广泛的认知活动及必要的培训，使员工提高对 BCM 的认识，并掌握必要的相关技能。然而，认知与培训活动并非仅限于此步骤中，而是应该贯穿于 BCM 活动的全过程中。有计划的认知与培训活动，是确保 BC 计划得到贯彻实施、并使 BCM 融入企业文化中的重要手段。

7. 测试与演练（Testing & Exercising）

测试与演练就是对所制定的业务恢复和持续计划进行各种测试和演练。没有经过测试与演练的计划是不可靠的，甚至是有害的，因此只有通过对各种相关计划进行定期的测试和演练，以检验其是否可行，才能发现问题并加以改进，从而确保组织机构能够使用这些计划来有效地应对灾难。通常测试与演练是分级逐步进行的，从简单到复杂，从部分到完整。通常每年至少进行一次完整的演练。

8. 计划维护（Maintaining plan）

计划维护主要是对各种相关计划进行维护和更新。计划维护不仅要不断地定期进行，还应该根据组织机构随时发生的重大变化及时地进行维护和更新。一般通过定期的检查和审计、测试和演练、以及企业的变更管理来进行计划维护。只有及时的计划维护和更新，才能确保所有业务连续性计划都是最新并可用的。通常规定每年至少要进行一次计划维护。

5.2.4　业务连续性管理原则与标准

BCM 的核心是对风险的管理，风险是造成业务中断的直接因素，风险的识别、评估及处置是重要的过程。风险的管理是组织或企业整体的，不是只针对科技的或其他某些局部的风险，所以 BCM 的原则如下：

- 从组织或企业的实际情况出发，实事求是地考量 BCM 建设的真需求；
- 高管层统一领导部署 BCM 建设；
- 对组织整体所有人员进行 BCM 认知培训；
- 建立完整的 BCMS；
- 严格执行 BCM 形成的规章制度并留存执行结果；
- 定期建立 BCM 内审机制；
- 对重大风险事故进行充分分析与评估，复盘事故过程并形成报告；
- 定期修订 BCM 预案，包括整体及各级分项预案。

组织或企业在实施 BCM 建设上要参考国际、国内及行业的标准，抽取其适合该组织或企业的实际情形制定连续性管理体系，不要盲目照搬不切实际的内容，创新性地使用标准并遵循标准执行。可以参照的标准如下：

- GB/T 30146—2013《公共安全　业务连续性管理体系　要求》；
- ISO22301：2012《Societal Security-Business Continuity Management Systems-Requirements》；
- BS25999-1《Code of Practice for Business Continuity Management》；
- BS25999-2《Business Continuity Management-Part2：Specification》。

5.2.5　运行及绩效评价

国外主要发达国家在推行 BCM 的过程中，随着 BCMS 的广泛建立，越来越多的组织提出了对 BCMS 和组织的业务连续性能力进行评价，主要发达国家也逐步开展了相应的研究，但均处于起步阶段。通过 BCMS 成熟度评价研究实现以下目标：

1. 客观评估 BCMS 的效果

BCMS 建立后，除在组织内对 BCM 相关的方针、要求等进行传达和培训，使组织相关方对其 BCMS 有所了解，还应让各相关方对组织所建立的 BCMS 的效果有直观的了解，通过对 BCMS 的效果进行评价，客观评估 BCMS 的效果，进而评价组织的业务连续性能力。

2. 为基准分析提供依据

BCMS包含的要素非常多，如果系基于这些要素对不同组织以及某一组织不同时期的BCMS进行对比和分析是非常困难的，并且某个要素的横向和纵向对比过于片面，不能反映出BCMS的整体情况，通过BCMS评价为BCMS的纵横向对比和分析提供依据，使对比和评价全面而客观。

3. 确立BCMS发展方向

BCMS的建立和运行参照了PDCA模型，即BCMS建立之后，通过演练和测试等发现问题并不断改进，但这也是有一定局限性的，因此应更多地注重细节方面的完善而通过BCMS评价确定组织的BCMS目前所处的位置，并通过与下一层次之间的差距分析明确组织BCMS未来的发展方向。

为了对我国各类型组织BCMS成熟度进行评价，需要设计一套基于我国国情的BCMS成熟度评价体系，这套评价体系的构建应遵循以下原则：

- 目的性：设计组织BCMS成熟度评价体系的目的在于衡量组织业务连续性能力，找出薄弱环节，提出改进手段和方法，并有效提升组织的业务连续性能力。因此，选取的评价指标应紧紧围绕该目的，力求所选指标能突出反映组织目前的BCM水平。
- 可行性：评价体系所选取的测量指标应易于获取，指标尽量易于量化处理。
- 通用性：该指标体系应适应于各类型的组织，具体行业可在此基础上进行细化。
- 可比性：评价指标体系应在时间和空间范围上具有可比性，即从组织纵向发展历程可以对比其自身BCMS成熟度的发展情况，同时行业内的各组织可以应用该指标体系进行横向对比。
- 基于合规性：以BCMS成熟度进行评价的前提，为组织根据GB/T 30146的要求建立BCMS。

5.3 认证流程

第一阶段：准备。

1）明确认证的意义。

2）确定BCM认证范围。

3）确立愿景，决定BCM改进的方面与改进的顺序。

4）明确认证活动的参与方面，确定各方所期望的收益。

5）全面地理解认证的内容，明确认证活动对个人和对组织的影响。

6）获取信息：与相似规模、职能的组织交流经验，相关论坛和用户组织咨询。

7）获得高层管理者的支持。

8）获得ISO22301的知识和文档。

9）选定一家认证机构，确认审核的范围。

第二阶段：初步评估与计划制定。

1）进行初步的评估、掌握现状并进行差距分析；评估明确需改进的方面；管理在认证过程中的风险。

2）制订整体的计划，获得相关方面的支持与承诺。

第三阶段：缩小差距。

1）建立、管理 BCMS 改进计划（PDCA 环）。

2）根据 ISO22301 进行详细的评估。

3）借鉴 ISO22301，制定具体的服务管理的政策、流程、步骤。

4）实施 BCM 流程。

5）改进 BCM 的政策、流程、步骤。

6）定期检查和回顾。

第四阶段：认证审核准备。

1）如有必要，联系认证机构进行内审，为正式的审核预定时间。

2）与认证机构充分交流以建立对审核范围、审核内容的共同理解。

3）准备审核所需要的“证据”：文档、记录，等等。

第五阶段：认证审核。

典型的认证审核包括：

1）协定参考标准和审核范围的条款。

2）离场的对文档和流程的评估。

3）现场的对员工和流程的审核。

4）审核结果的陈述。

如果达到 ISO22301 体系要求，将进行 ISO22301 认证陈述，颁发证书。

5.3.1　体系文件资料编制

ISO22301 为第一份直接以 BCM 为主题的国际标准。该标准的性质为要求（Requirements），因此将可用于审核与认证。除了 ISO22301 外，另有属于指引（Guidance）的 ISO22313，ISO22313 与 ISO22301 合为具有完整架构的 BCM 国际标准。对于各企业或组织来说，则等于具有一套依照国际共通语言、最佳实务与期望所制定的规范得以遵循。若您可遵循此计划，将可减少所受到的影响。快速恢复正常服务，确保连续提供客户重要服务及产品。

ISO22301 文件体系资料的编制主要内容是依据该标准的条款而来。ISO22301 标准分为十个主要条款，前三条款分别是范围、规范性文献、术语和定义，下面介绍该标准的其他主要条款要求。

第四条款　组织：

首先，组织应了解内部和外部需求，对管理体系的范围划定明确的界线。这尤其要求组织了解利益相关方的需求，如立法部门、顾客和员工的需求。组织尤其必须了解适宜的法律法规要求，这将保证组织确定 BCMS 的范围。

第五条款　领导：

ISO22301 特别强调了对合格的 BCM 领导的需求。这使得最高管理者能保证提供合适的资源、制定政策并任命人员来实施和维护 BCMS。

第六条款　策划：

这一条款要求组织识别 BCMS 实施的风险，并制定明确的目标和标准用于测量其成效。

第七条款　支撑：

由于 BCMS 的实施需要资源，第七条款引入了“能力”这一重要概念。为了业务连续性获得成功，必须具有相应知识、技能和经验的人员从事 BCMS 的管理并当事故发生时作出应对。在应对事故方面，所有的员工认识到自己的职责也是非常重要的，这一条款涉及该方面的所有内容。这一条款也涵盖 BCMS 沟通的需求，如告诉顾客组织有适宜的 BCM 在运行并做好事故发生时沟通的准备（当正常的渠道中断时）。

第八条款　运行：

该条款包括业务连续性的主体——专门技能。组织必须进行业务影响分析，以了解其业务中断产生的影响及随时间发生的变化。风险评估致力于识别业务在结构方面的风险，这些风险对业务连续性战略的制定将会产生影响。避免或降低事故发生的措施应与事故发生时采取的措施同时制定。由于无法完全预测和防止所有事故，所以降低风险和对不测作出应对计划对于所有意外事故来说是互补的，也就是通常所说的抱最好的愿望做最坏的打算。

ISO22301 强调需要很好地确定事故响应结构。这样可保证事故发生时快速响应，被授权的人能采取必要的有效措施。该新标准还强调了生命安全，关键点是组织必须与外部可能遭受影响的相关方沟通，例如当事故给周边公共区域带来有毒或爆炸的风险时。

在第八条款中也提出了业务连续性计划的需求，适合用户的简明易懂的文件比供审核员使用的冗长晦涩的文件更有用。因此，小计划比庞大的计划可能更需要。第八条款的最后一部分涉及运行和测试，这是 BCM 的关键部分。测试的目的是证明 BCM 的一些要素是否有效，运行可以包括测试，通常采用相近的方法模拟应对事故，这通常包括培训要素和树立应对具有一定难度的异常破坏性事故的意识，同时要弄清程序是否如期运行。

第九条款　评价：

对任何管理体系而言，按照计划评价性能至关重要。因此，ISO22301 要求组织应按照适宜的性能方法对自身进行评价。组织必须进行内审，还要进行 BCMS 的管理评审，并根据评审结果采取相应措施。

第十条款　改进：

每个管理体系一开始都不可能尽善尽美，组织及其环境是不断变化的。第十条款提出了随后改进 BCMS 采取的措施，并保证通过审核、评审、运行等环节提出纠正措施。

5.3.2　策划准备阶段

随着 ISO22301 标准逐渐成熟，ISO22301 不再仅用于应对灾难等低概率影响大的事件，而是逐步成为组织提升业务恢复能力，保护组织价值的管理过程，成为组织管理的一部分。

国内组织对 ISO22301 体系日趋重视，很多组织，尤其是金融、IT、云计算、云服务等企业，开展了 ISO22301 BCMS 的建设。然而在一些组织，BCM 的规划实施重点仅在灾备建设从基础环境、硬件设施等方面入手，或全面撒网建立应急预案，而应急预案则多空洞或仅关注技术层面。再遇到这种情况时，往往发现在 BCM 需求建立阶段做的工作比较少，或没有获得充足的信息。

那如何识别组织的 BCM 需求呢？其中非常重要的一点就是要充分了解组织，这一活动的重点是收集信息，从而帮助组织制定合理的 BCM 方案，管理那些可能对组织造成严重损失的业务中断。具体的活动包含业务影响分析（BIA）、资源需求分析和风险评估。

1. 业务影响分析

所谓 BIA 也就是评估一项业务活动在中断一定时间后对组织业务运营能力的影响，重点在通过业务影响分析找到需要保护的活动以及这些活动的最长可容忍中断时间（Maximum Tolerable Period of Disruption，MTPD）。

在这项工作开展之前，有两件事情需要完成：第一，得到管理层的支持，包括资源的提供和活动的协调，这是所有管理活动成功实施的基础；第二，需要初步确定 BCM 覆盖的范围，对于组织来说，可能有一些产品和服务必须纳入 BCM 范围内（这些信息可能来自于管理层或外部监管单位），因此，在 BIA 之前就需要确定下来，最终的范围可以等到 BIA 完成以后再确定。完成这两件事情之后，组织就可以着手开始 BIA，通常，BIA 包含如下步骤。

1）分析产品或服务

分析确定 ISO22301 BCMS 范围内的产品或服务。这一过程通常需要考虑很多方面，例如产品或服务带来的收益、中断后的经济损失、名誉损失、可能带来的法律纠纷等。

这些损失最好可以量化到经济损失，这对于说服管理层很重要，同时也是成本效益分析的基础，当然，这些量化工作需要丰富的经验数据支撑。

2）识别支持产品和服务的活动

活动的识别需要通过信息收集的方式来完成，对收集的信息进行梳理，将活动与产品和服务进行对应，当然，有的活动可以支持多项产品或服务，活动之间也会有相关支持的关系，这些信息同样需要进行收集。同时这一环节应识别活动的负责人以及可以提供活动相关信息的人员，为后期的信息收集做准备。

3）分析影响

分析活动中断持续一定时间后对提供产品和服务的影响。活动识别完成后，需要确定活动执行的频繁程度、高峰期及在平时和特殊时期活动中断后组织还能运营多久，从而确定活动中断后多久会对组织产生影响，以及影响程度。这时候往往需要财务数据的支持，例如某项产品或服务的年收益，高峰期收益，客户的依赖程度，外部竞争对手的数量和竞争力等，这些信息可能是组织的秘密信息，无法提供，这时，可以要求相关部门进行协助，进行影响程度的判断。

4）定性评价

确定关键活动以及关键活动的定性评价。通过对所有业务活动的影响的分析，可以确定哪些活动是关键活动，也就是纳入进一步分析范围内的活动。同时也可以初步确定关键活动在多长时间内必须恢复，也就是确定关键活动的 MTPD。

2. 资源需求分析

在这一环节的主要工作是通过收集的信息，分析业务活动恢复需要的资源，包括环境、设施、人员和外部服务等。资源需求的分析需要和 BIA 进行综合考虑，通常在关键业务确定以后，资源需求的信息收集就可以开展了。为了在一定的时间内恢复到约定的服务水平，需要的资源种类包括：人员、场所、设备、信息、技术和外部支持，需要根据活动的类型和恢复要求进行确定。其中数据资源是一种比较特殊的资源，在这一阶段需要确定执行活动的最大可容忍数据丢失（Maximum Tolerable Data Lost，MTDL）。

除内部资源外，在业务活动中断后，可能还需要外部的支持，这需要在识别活动的同时识别内部活动与外部支持活动之间的接口，当中断发生时，外部支持活动也可能会受到影响，因此，需要识别获得外部支持需要的资源。

BIA 和资源需求分析的结果应经过反复评审，从而确定其准确性。

3. 风险评估

分析评估活动主要是通过识别、分析和评价可能造成业务中断的风险，帮助组织建立预防措施，降低或避免造成业务中断的风险。风险评估的方法有很多种，在 ISO31000：2009《风险管理原则和指南》中给出了风险评估的基本原则和实施指南，该标准也是 ISO22301：2012 中推荐使用的标准。根据 ISO31000，对于 BCM 来说，风险评估主要从影响出发，识别那些可能引起中断的风险，分析风险发生的可能性和影响，从而评价风险是否需要处理。在这个基础上，再去识别风险发生的原因（内因和外因），从原因入手，建立措施控制风险的发生，也就是降低中断发生的可能性和影响。

4. 注意事项

一般情况下，为了保持业务影响分析和风险评估的持续有效，需要对业务影响分析和风险评估的结果进行定期的评审。

在 BIA 和资源需求分析过程中，都需要收集一定的信息，信息收集的方式有很多种，可以是问卷调查，也可以是会议讨论和人员访谈。信息收集的范围则取决于组织所处的环境，可能的范围包括组织的管理层、组织范围内的部门、外部客户和用户、供应商、监管单位、上层机构等。如果建立 BCMS 是组织的一部分，那这一部分与组织其他部分之间的接口信息也很重要。

确定组织的业务连续性需求是 BCMS 建立过程中比较基础的环节，这一环节输出信息的充分性和完整性直接影响 BCMS 的充分性、适宜性和有效性。因此，在这个环节建议组织投入足够的资源以保证其有效。

5.3.3　认证咨询阶段

对于组织机构或企业，专业化的 ISO22301 认证需要具备大量的专业背景知识，组织机构或企业往往缺乏对此认证流程、要求的认识，寻求外部专业认证的咨询服务机构的协助是一种省时省力的选择。

选择认证咨询服务后，咨询服务商会充分调研组织机构或企业的业务连续性的建设要求，了解国际、国内、地方的各种法律规定、规范等要求，协助组织机构或企业确定建立的 BCMS 已达到认证的要求。

认证咨询服务商的选择需要其具备丰富的认证咨询服务经验、专业化的咨询服务团队、长期的业务连续性行业的知识积累，并对各种相关法律法规、行业规范的要求具有合理的理解及解读能力，选择这样的咨询服务商才能在认证的过程中帮助组织机构或企业顺利通过认证并学习提高 BCM 的能力，从而达到事半功倍的效果。

5.3.4　培训实施改进阶段

针对 ISO22301 标准所包含的内容，对组织机构或企业认证咨询服务阶段所发现的问题及不足进行分析比较，展开体系的结构及内容的培训指导，使全体人员认识、理解、执行标准的要求，结合自身工作的内容开展检查和内审，识别出与标准的要求的差异并给出针对性的改进措施及方案，对措施及方案评审通过后实施改进，完善 BCM 水平，提高组织机构及企业的风险应对能力，最大限度地降低损失。该阶段的实施分为四个步骤进行，具体步骤如下：

第一步　整体及风险评估：

（1）启动调研

通过对企业的组织架构、管理流程、业务运作模式和 IT 支持系统进行考察和调研，以确定 BCM 过程或功能的需求。

（2）风险评估

确定可能造成机构及其设施中断和灾难、具有负面影响的突发事件和周边环境因素，以及事件可能造成的损失、防止或减少潜在损失影响的控制措施。提供成本效益分析以调整控制措施方面的投资达到消减风险的目的。

第二步　BIA 及信息系统容灾技术改进：

（1）BIA

确定由于中断和预期灾难可能对机构造成的影响以及用来定量和定性分析这种影响的技术。确定关键功能、其恢复优先顺序和相互依赖性以便确定恢复时间目标。

（2）容灾策略制定

结合以上各步骤的分析成果，以及在容灾上的投入能力，制订企业系统短期、长期范围内的容灾策略和目标，并有意识地将本身的人员组成和组织架构做出调整以适应策略要求。

（3）容灾技术方案设计

根据容灾策略，以及 BCP 和各系统的 RTO 和 RPO 指标，考虑成本和收益平衡原则，分别设计容灾方案。

（4）容灾设施资源及 IT 系统建设或整改

对容灾中心的设施资源进行详细的规划和设计，容灾中心的建筑工程、中心环境（外部与内部）、机房结构、物理安全、交通流向组织、电力供应与保障等环节都要按照容灾的实际需求进行科学的分析，最终达到容灾的实际要求。

第三步　BCP 与演练测试改进：

（1）BCP 及灾难恢复计划的制定与维护

业务恢复团队和业务恢复团队分别执行应急响应计划、灾难恢复计划、业务恢复计划，运营管理团队负责容灾系统的运营管理和日常维护、问题收集和解决、系统变更和测试演练等工作，后勤保障和人力资源保障提供支持，从而达到容灾设计的目标。

（2）容灾系统运行维护

运行 BCP，包括日常管理和首次演练等，并建立相应的管理制度。

（3）演练及测试

对预案和预案间的协调性进行演练、并评估和记录预案演练的结果。制定维持持续性能力和 BCP 文档更新状态的方法使其与机构的策略方向保持一致。通过与适当标准的比较来验证 BCP 的效率，并使用简明的语言报告验证的结果。

第四步　持续内审：

审核/审计

培训内审员，进行内部审核，并在适当时机邀请外部审核机构对业务连续性管理体系进行审核/审计。

5.3.5　认证审核阶段

认证的阶段分为内审和外审两个子阶段。组织机构或企业在建立起 ISO22301 标准体系之后，形成一整套执行、维护、改进该体系的规范、制度及流程。在组织机构或企业执行已建立的体系标准一段时间之后，经过持续改进日近完善。基于外部因素、内部管控等因素的要求，联系外部认证审核机构进行专业认证审核。

认证审核是一个专业化的过程，认证机构按照既定的审核流程在不同的层面要求被审核方提供各种证明材料以验证说明组织机构或企业在日常的运营过程中的方方面面都遵从标准的要求执行，从而达到业务连续性的管理目标。

认证审核过程需要组织机构的各个部门各级人员在不同的时间节点接受审核方的询问及佐证材料的准备，被审核方按照约定的审核方案提前准备好人员及材料以备审核方第一时间获取到信息，提高审核效率。

5.4　ISO22301 实施意义

与 BS25559 相比，ISO22301 拥有更高的国际认可度，它强调制定目标、监测表现和指标、对企业和组织管理层提出了更加清晰的期望值，对 BCP 的制定提出了更高的要求。

利用业务连续性国际标准来了解企业面对的各种威胁并按重要性排序。ISO22301 标准规定了相关管理体系的要求，用以防止和降低破坏性事件的出现概率，并确保公司从破坏性事件中得到恢复。一旦出现灾难场景，企业和组织可以使用已经建立的预案体系并启动预案从容应对，使人员的伤害以及财产与声誉的损失降至最低。

所以，从大量的实践总结证明，参照并实施了 ISO22301 的组织机构或企业的意义和好处如下：

- 识别和管理组织面对着的潜在威胁；
- 提前预防以降低突发事件所带来的冲击；
- 在危机时刻使组织机构或企业的核心业务能最大限度地维持正常运作；
- 灾难事件发生后以最短的时间内恢复业务正常运行；
- 向自己客户、供应商、合作伙伴展示对突发灾难事件的应变力和恢复力，提高声誉。

5.5　认证通过案例

1. 中金数据系统有限公司

中金数据系统有限公司作为数据中心行业的较早的第三方社会化服务提供商，极其关注 BCMS 建设。在 ISO22301 认证过程中经历了准备阶段、初步评估与计划制定阶段、缩小差距阶段、认证审核准备阶段、认证审核阶段。

准备阶段：由公司总裁办组织并授权市场部具体执行负责整个认证过程，申明公司认证的意义，明确认证的范围。根据认证范围所涉及的各个部门安排专门人员对接并全程参与，负责各自部门在认证过程中所需材料及文档的准备。全体参与人员全面了解认证的内容，明确认证活动必须大力支持并做出积极的心理准备。

初步评估与计划制定阶段：市场部组织各个部门依据 ISO22301 的整体和具体要求评估各个环节的规范做法与制度，并包括各种具体支持性文件体系的检查评估，依据现状进行差距分析，明确需要改进的具体方面和内容。根据初步评估的结果制定整体认证工作计划并获得公司总裁办的支持。

缩小差距阶段：各个部门依据评估结果与计划安排开展查漏补缺工作，建立并 BCMS 改进计划（PDCA 环）。根据 ISO22301 的具体条款进行详细评估，识别差距并制定具体的改进政策、流程、步骤，实施 BCMS 流程管理，定期进行检查和回顾。

认证审核准备阶段：与认证服务机构合作进行内审工作，为正式审核做好准备。与认证服务机构充分沟通并建立对审核范围、审核内容的一致理解，准备审核所需要的所有的体系文件“证据”：文档、记录、制度等。

认证审核阶段：在内审完成并通过后根据总体计划联系认证机构现场正式审核，现场审核过程审核机构按照 ISO22301 的要求逐一进行审核，申明审核的工作要求及承诺保密措施，现场审核员根据具体的内容负责各自的审核工作并做出审核评价。

经历以上各个阶段，根据现场审核员开出的轻微不符合项解决后等待颁发正式的ISO22301认证。整个过程大概经历4个月的时间。

2. 其他部分通过认证企业

北京光环新网科技股份有限公司；

兴业银行股份有限公司；

北京金山云网络技术有限公司；

京东数字科技控股有限公司；

腾讯云（深圳市腾讯计算机系统有限公司）；

希捷科技有限公司；

阿里巴巴网络技术有限公司。

第 6 章

数据中心等级认证体系 Uptime Tier 标准解读

6.1 The Tier Standard（Tier 标准）

The world's most adopted design, construction and operational standard for the Data Center, with more than 1250 certification awards issued across 85 countries. It consists of two parts;

- *Tier Standard*: *Topology*-which focuses on the critical facilities areas including power and cooling as it pertains to the design and construction of any data center.
- *Tier Standard*: *Operational Sustainability*-which focuses on the operational planning and practices associated with operating any data center across a wide range of conditions, including daily procedures and incident handling.

Uptime Tier 标准是在全球数据中心行业中，最广为采用的数据中心设计、建设、和运维标准，并在全球 85 个国家/地区里发出 1250 张认证。这个标准包含了两个部分：

- Tier 标准：拓扑——关注关键基础设施的范围，包含了电力和空调这两大领域，这是任何一个数据中心的设计和建造都会涉及的。
- Tier 标准：运行可持续性——关注数据中心基础设施相关的运营计划和实践，以满足数据中心所有的运维操作和行为，并包含日常流程以及事故处理。

6.1.1 What is the Tier Standard from Uptime（何谓 Uptime Tier 标准）

Uptime Institute's Tier Standard is an unbiased set of infrastructure and operating criteria that are unique in the industry for their rigor and comprehensiveness. No other credential carries the industry acceptance, weight and stature of the Tier Standard, and no other data center standard is certified by the standard's author itself. The standard is the only existing data center standard that focuses on the desired behavior and performance requirements, without prescribing specific approaches or technologies to be used. Using the Tier Standard as a guide, Data center designers can create designs which are most appropriate for local conditions and the business requirements. And once completed, the Tier Standard can be formally certified only by Uptime Institute, the author of the standard.

Uptime Institute 的 Tier 标准是一套第三方且公正的基础设施和运营标准，并因为它的严谨性和全面性在行业中显得更加特别。没有其他标准和认证，能具备 Uptime Tier 标准这般的行业接受度、重要性、和行业地位。此外，也没有其他数据中心标准能够像 Uptime Institute 一样，由标准本身的制定单位直接来进行认证的审查。这个标准为目前数据中心基础设施标准中，唯一关注期望行为和性能要求，而不是指定使用特定的方法和技术的标准。数据中心设计者通过使用 Tier 标准作为指导参考，可以设计出最适合本地条件以及数据中心业主业务需求的数据中心。一旦完成设计后，若想进行认证，也能够通过制定 Tier 标准的 Uptime Insitute 来进行正式的审查。

6.1.2 The stage of development of Tier Standard（Current status of standard）（Tier 标准的发展历程及现状）

First released more than 20 years ago, the Tier Standards remain as relevant today as when it was first released because it is based on obtaining desired results, not the technologies or technical approaches used to achieve these desired results. The latest release was made in January 2018 and includes additional information and clarifications on how the standard can be applied to any intended data center design.

与 20 多年前首次发布相比，Tier 标准在今天看来仍然与首次发布时具备一定的关联性。因为 Tier 标准是以结果为导向，而不是关注使用哪些技术或者是技术方法来达成所需要的结果。目前最新版本的标准于 2018 年 1 月发布，其中包含有关如何将标准应用于数据中心设计的增补信息和说明。

6.1.3 The benefits of adopting Tier（采用 Tier 的好处）

The benefits are based on its results orientation:

- Performance based-Tier Standards are performance-based, not prescriptive. Any design solution that meets the requirements for availability, redundancy, and fault tolerance is acceptable. This latitude allows you to incorporate a wide variety of infrastructure and system solutions to best meet your organization's goals for IT operations, costs, sustainability, and uptime.
- Technology neutral-in an ever-changing technology landscape, Tier classification does not require or rely on any fixed set of technologies. The Standards are able to encompass new and innovative solutions for data center systems and engineering, such as modular configurations, OCP, and leading-edge power and cooling approaches.
- Vendor agnostic-Uptime Institute is an independent services organization without any affinity to hardware or brand. This enables the Tier Standard criteria to be vendor-neutral and unbiased.
- Flexible-The performance-based nature of the Tier standards gives organizations flexibility to comply with local statutes, codes, and regulations while enjoying full Tier certification and the business benefits of doing so.

采用 Tier 标准的好处是从基于结果做说明：

- 基于性能——Tier 标准是基于性能考虑的，而不是依照条例规定的。任何设计解决方案只要能够满足可用性、冗余和容错的要求，都是可以接受的。这样的思路允许集成各种基础设施架构和系统解决方案，以最好地满足组织的 IT 运行、成本、可持续性和正常运行时间的目标。
- 技术中立——在技术领域不断变化下，Tier 分级不需要或依赖任何固定的技术。这个标准能够满足在数据中心系统和工程中一些创新的解决方案，例如模块化配置、开放计算项目（Open Compute Project，OCP）以及新的电力和暖通解决方案。
- 无供应商偏好——Uptime Institute 是一家独立的服务机构，并对任何硬件或品牌没有任何偏好。这使得 Tier Standard 标准能够在供应商间保持中立且无偏见。
- 灵活弹性——Tier 标准基于性能的特性，使得组织能够灵活地遵守当地法规和规范，同时能够进行完整的 Tier 认证以及享受做这件事所带来的商业利益。

6.1.4 The standard Characteristics of Tier Standard（Tier 标准的特点）

The Tier Standard for Topologies and Operations focuses on desired behavior and performance. Whereas other standards are prescriptive in their definition of how structures are designed, built or operated, the Tier Standards enable the owner to make a wide range of choices to meet the desired results. This enables complete, unbridled innovation by the designer and allows the use of any technology and design approach, as long as the desired results are achieved.

Tier 标准在拓扑和运营的标准侧重于对行为和性能的预期。鉴于部分标准在定义如何设计、建造、运维构架上是采用规范式的，Tier 标准让用户能做出更多元的选择以用来达到所预期的结果，使设计师能够在达成预期结果下，应用任何技术和设计方法，来进行完整、更无拘束的创新。

6.1.5 The scope of application of the Tier Standard（适用范围）

The Tier Standard is comprised of two parts: the Topology standard which focuses on the facility itself, and the Operational standard which focuses on how a commissioned facility is operated.

Tier 标准由两部分组成：拓扑标准，侧重于设施本身；操作标准，侧重于基础设施的运维管理方式。

6.2 The four levels of the Tier Standard: Topology（Tier 标准的四个等级：拓扑）

The Tier Standard includes designations labelled levels I thru IV with progressive criteria for power, cooling, maintenance, and redundancy to match different functional and performance standards required by the business. Tier levels allow your organization to align data center infrastructure investment and operating practices with your specific business mission, growth and technology strategies, and your uptime need.

Tier 标准包括一套对电力系统、暖通系统、维护、以及冗余的渐进式准则，来定义出从 Tier Ⅰ、Ⅱ、Ⅲ、Ⅳ四个级别，作为匹配不同业务下所需的功能和性能标准。不同的 Tier 级别允许组织将数据中心基础设施的投资和运营实践与企业的特定商业任务、成长、技术策略、以及对可用性的需求保持一致。

6.2.1 Tier Standard: Topology rating system（Tier 拓扑分级系统）

Data center infrastructure costs and operational complexities increase at each progressive Tier Level, as more investment is required in equipment and staffing. It is up to the data center owner to determine the Tier Level that fits the business need. No level is "better" than another; matching infrastructure to the business needs in performance ensures companies are not over-invested or taking on too much risk.

随着设备和人员配置需要更多的投资，数据中心基础设施成本和运营复杂性在每个 Tier 级别都会增加。数据中心所有者应该根据业务需求，来决定适合的数据中心的 Tier 级别。没有一个级别比另一个级别“更好”，但将基础设施与企业业务需求相匹配，可确保企业不会因此产生过度投资或承担过多风险。

Typically, Tier Ⅰ and Tier Ⅱ are tactical solutions, usually driven by first-cost and time-to-market more so than life-cycle cost and performance (uptime) requirements. Organizations at these levels typically do not depend on real-time delivery of products or services for a significant part of their revenue stream.

通常 Tier Ⅰ和 Tier Ⅱ是战术策略性的解决方案，由最初需求成本和产品上市时间来驱动，而不是生命周期成本和性能（可用性）的要求，数据中心需求落在这些等级级别的组织，通常所提供的产品和服务没有立即性交付上的要求，数据中心异常并不会对其收入造成显著影响。

Tier Ⅲ and Ⅳ are for organizations with rigorous uptime requirements, where business continuity, contractual or service level requirements, and long-term viability are important. These organizations know the business cost of a disruption—in terms of actual dollars—and the impact to market share and ongoing mission imperatives.

Tier Ⅲ和 Tier Ⅳ适用于对数据中心正常运行时间（可用性）有严格要求的组织，其中业务连续性、合同或服务水平要求，以及长期可用性非常重要。这些组织了解中断的业务成本（实际金钱损失）以及对市场份额的影响和持续的任务要求。

6.2.2 Tier Ⅰ thru Ⅳ details of each（从 Tier Ⅰ到 Tier Ⅳ的详细说明）

Tier Ⅰ: Basic Capacity-A Tier Ⅰ data center infrastructure is designed to support business information technology (IT) needs beyond an office setting. This means there is a dedicated space for

IT systems, and must include an uninterruptible power supply (UPS), and dedicated cooling equipment that won't get shut down at the end of normal office hours.

Tier Ⅰ：基本容量——一个 Tier Ⅰ数据中心基础设施为设计成在办公环境外支持 IT 业务运行所需。这表示有一个专门提供给 IT 系统的空间，以及必须包含用来满足 IT 系统在上班时间内能够运行的不间断电源（UPS）以及对应的空调系统。

Tier Ⅱ: Redundant Capacity Components-Tier Ⅱ facilities are designed to provide an increased margin of safety against IT process disruptions and enable some regular maintenance activities to be done without interrupting live operations. Key elements of a Tier Ⅱ data center are redundant critical power and cooling components, such as UPS modules, chillers or pumps, and engine generators or some other backup power supply.

Tier Ⅱ：部件冗余——Tier Ⅱ数据中心基础设施为设计成能够提升 IT 流程中断的安全边界上限，并在不中断正常运行下进行一些日常的维护活动。Tier Ⅱ数据中心的关键要素是具备冗余的关键点和制冷的部件，例如 UPS 模块、冷机或泵，以及发电机或其他一些备用电源。

Tier Ⅲ: Concurrently Maintainable-A Tier Ⅲ data center is designed to run without interruption. It doesn't need to shut down for equipment replacement and maintenance. Redundant delivery pathways for power and cooling are added to the redundant critical components of Tier Ⅱ. If your business relies on 24×7 IT availability, Tier Ⅲ ensures that each and every component needed to support the digital environment can be shut down and maintained without impact on live operation.

Tier Ⅲ：同时可维护——Tier Ⅲ数据中心设计为具备不间断运行的能力。它不需要在基础设施进行更换或维护时将数据中心停机，且在关键备件的 Tier Ⅱ基础下，加上了冗余的电力和空调路由。如果业务必须依赖 7×24h IT 系统不中断运行，Tier Ⅲ数据中心需要支持数字化环境运行的每一个基础设施部件和路由，能够停机或者是进行维护而不影响正常运行。

Tier Ⅳ: Fault Tolerance-Tier Ⅳ site infrastructure builds on the capabilities of Tier Ⅲ, and adding the concept of Fault Tolerance. Tier Ⅳ is the highest level of availability, performance and resilience that a data center can achieve, designed to support mission-critical operations. Fault Tolerance means that when an individual piece of equipment fails or a distribution path interruption occurs, the effects of the event are stopped short and prevented from ever impacting critical IT operations. Operations are fine-tuned to ensure effective and seamless maintenance, operations, and response to any fault.

Tier Ⅳ：故障容错——Tier Ⅳ数据中心基础架构建立在 Tier Ⅲ的性能之上，并增加了故障容错的的概念。Tier Ⅳ是用来设计成支持关键任务运行的数据中心，并实现数据中心可达成最高等级可用性、性能和弹性的要求。容错意味着当单个设备发生故障或发生传输路由中断情况时，事件可以在最短的时间被隔离并防止影响关键 IT 操作。操作必须要进行妥善的调整，以确保有效且无缝地进行维护、操作以及对任何单一故障进行反应。

6.2.3 Tier Standard: Operational Sustainability（永续运营标准）

In addition to a Tier level designation, facilities can also earn Tier Certification of Operational Sustainability at a Bronze, Silver or Gold rating. These ratings signify the extent to which a data center is optimizing its infrastructure performance and exceeding the baseline Tier standards:

- Bronze signifies that certification criteria were met; however considerable opportunities exist for improvement to the building and operations to leverage the full potential of the current infrastructure.
- Silver denotes that the installed infrastructure is close to realizing its full potential, yet opportunities for improvement exist.
- Gold certification shows that the organization is managed and operated to the fullest potential that the installed infrastructure will provide. Sometimes, this potential is even exceeded thanks to the facility operator's industry-leading procedures and processes.

除了 Tier 各个级别的设计和建造认证外，数据中心基础设施还可以申请获得铜级、银级或金级的永续运营 Tier 认证。这些评级表示数据中心能够在基础设施运营上多大程度上优化其基础架构性能并超出 Tier 标准的基准要求：

- 铜级表示符合 Tier 认证标准基本要求，然而表示目前的数据中心基础设施中仍具备很大潜力，从建筑到运营部分仍存在很大的整改机会。
- 银级表示针对已安装的基础设施的永续运营体系已接近实现它完整的潜力，但存在改进机会。
- 金级表明组织的管理和运营能够充分发挥已安装基础设施的潜力。基础设施操作管理者自身具备行业领先的程序和流程，甚至超过了这一个级别的基本要求。

6.3 Tier Certification process（认证流程）

Uptime Institute is the author of the Tier Standard and is the only organization that can certify the proper usage of the standard. Uptime Institute consulting engineers are located throughout Asia and elsewhere worldwide to conduct certifications of design, constructions and operational approaches.

Uptime Institute 是 Tier 标准的制定单位，也是唯一个可以验证该标准是否正确被使用的组织。Uptime Institute 咨询专家遍布亚洲和全球其他地方，负责认证数据中心设计，施工和运营方法。

6.3.1 The Design Document Certification stage（设计认证阶段）

Tier Certification of Design Documents (TCDD) recognizes the potential (as designed) infrastructure (topology) functionality and capacity of your data center. Based on a thorough review of your architectural and engineering plans, TCDD validates that the facility and system design is consistent with your uptime objectives for a new project. It ensures that your organization's significant capital investment yields the desired result. Receiving TCDD is an important first step to earning Tier Certification of Constructed Facility.

Tier 设计认证（TCDD）能够识别数据中心可能的（按照设计）基础架构（拓扑）功能和容量。

在对建筑和工程计划进行全面审查的基础上，TCDD 验证基础设施和系统设计是否符合您对于新项目的不间断运行目标要求。它确保您的组织的重大资本投资能够产生预期的结果，所以获得 TCDD 是进行 Tier 建造认证的重要第一步。

6.3.2　The Construction Certification stage（建造认证阶段）

Tier Certification of Constructed Facility (TCCF) ensures that your facility has been constructed as designed, and verifies that it is capable of meeting your defined availability requirements. Even the best laid plans can go awry, and common construction phase practices or value engineering proposals can compromise the original design intent. The TCCF process includes a site visit with live demonstrations. We road test your system function under full load, validating that the facility can deliver the performance you require. TCCF ensures that your approved designs have been properly executed in the built facility environment, with no errors or oversights. The TCCF process is often the most comprehensive Quality Assurance check that a facility receives before Go Live. Organizations know that they can rely on Uptime Institute to ensure data center capability and performance.

Tier 建造认证（TCCF）用于确保数据中心基础设施按照设计来执行，并验证其是否能够满足定义的可用性要求。即便是最好的计划也可能出错，而在建设阶段常见的施工实践或价值工程建议，可能会对原始的设计目标造成损害。TCCF 流程包括现场核查和现场演示，我们在满载情况下对系统功能进行实际测试，验证数据中心基础设施是否可以满足所需的性能目标要求。TCCF 确保先前通过审查的设计在实际建筑环境中正确被执行，没有产生任何错误或疏忽。TCCF 流程常常是基础设施在投产之前做的最全面的质量保证检查。企业组织知道他们可以依靠 Uptime Institute 来确保数据中心的能力和性能。

6.3.3　The Operational Certification stage（运维认证阶段）

Tier Certification of Operational Sustainability (TCOS) verifies that site management and operations practices and procedures are in place to keep your data center humming. It ensures that your organization is taking the right steps to avoid preventable errors and maintain performance on an ongoing basis. Achieving TCOS ensures that your operations are in alignment with performance requirements and availability expectations to support the business mission. Following the Operational Sustainability standards, you avoid expending more resources than necessary by focusing efforts where they matter most. TCOS demonstrates to stakeholders and the market the effectiveness of your facility management practices and risk mitigation. Recognizing that a data center environment is never static, TCOS awards expire after three years (Gold), two years (Silver) or one year (Bronze). Companies that recertify with Uptime Institute on a regular basis have experienced continued improvements in performance and efficiency.

Tier 永续运营认证（TCOS）验证数据中心基础设施现场管理和运营实践和流程，以确保数据中心保持正常运行，它可确保组织采取正确的步骤，以避免发生本可预防的错误，并持续保持日常需求性能。达成 TCOS 可确保基础设施运营符合性能要求和可用性的预期，以支持企业任务目标。遵循永续运营标准，通过将工作重点关注在最重要的地方，可以控制花费在预期的预算内。TCOS 向利益相关者和市场展示了设施管理实践和风险减轻策略的有效性。需要认知到，数据中心的环境一直都会发生变化，所以 TCOS 认证各等级的有效性定义在三年（金奖），两年（银奖）或一年（铜奖）后到期。企业通过 Uptime Institute 进行重新认证等同在性能和效率上持续进行改善。

6.4 A Tier Certified customer case study Tier（认证通过的客户参考案例）

Company: True IDC

公司：True IDC

Headquarters: Bangkok, Thailand

企业总部：曼谷，泰国

Quote from customer:

"Uptime Institute helped True IDC in our goal to raise Thailand's data center industry to achieve world class performance and reliability standards." - Supparat Sivapetchranat Singhara Na Ayutthaya, Chief Executive Officer, True Internet Data Center.

客户引述

"Uptime Institute 帮助 True IDC 实现了提升泰国数据中心行业成为世界级性能和可靠性标准的目标。"——Supparat Sivapetchranat Singhara Na Ayutthaya, True Internet 数据中心首席执行官。

Tier Standards applied:

- Tier Ⅲ Silver Certification of Operational Sustainability-Concurrently Maintainable, Site: East Bangna, Bang Saotong, Thailand
- Tier Ⅲ Certification of Constructed Facility-Concurrently Maintainable, Site: East Bangna, Bang Saotong, Thailand

采用 Tier 标准：

- Tier Ⅲ Silver 银级永续运营认证—同时可维护，数据中心地点：East Bangna, Bang

Saotong，泰国。

- Tier Ⅲ建造认证—同时可维护，数据中心地点：East Bangna，Bang Saotong，泰国。

Customer Overview：

True Internet Data Center（True IDC）is the leading carrier neutral data center provider in Thailand with the largest market share of co-location and cloud services. The data center business offers both the option of $N+1$ or $2N$ depending on customer's demand. True IDC is strategically located in key business districts in Bangkok ranging from True IDC-North Muangthong，serving northern Bangkok；while True IDC-Midtown Ratchada and True IDC-Midtown Pattanakarn serves central Bangkok；and the new and latest data center in the east of Bangkok，True IDC-East Bangna，recently certified by Uptime Institute.

Regionally，True IDC can now drive data center services internationally with a data center providing services in Yangon，Myanmar. True IDC is recognized as the first cloud provider in Thailand through partnership with best-in-class partners ranging from Amazon Web Services，Google，Microsoft，VMware，Huawei，ZTE，Avaya，CISCO and Tencent.

In addition，True IDC has entered a joint venture agreement with BBIX Inc. of Japan，a fully owned subsidiary of SoftBank Group，to introduce a Layer 2 Internet exchange. True IDC is the only provider that dominates in both the Data Center and Cloud Service segments in Indo-China and has received 7 years of industry awards related to Data Center and Cloud Services.

客户概述：

True IDC 数据中心（True IDC）是泰国领先的运营商中立数据中心，拥有泰国最大的数据中心出租和云服务市场的份额。数据中心业务根据客户需求可提供 $N+1$ 或 $2N$ 系统选项。Ture IDC 坐落在曼谷主要商业区的战略性位置，包括服务曼谷北部的 True IDC——North Muangthong，以及服务曼谷市中心的 True IDC-Midtown Ratchada 和 True IDC-Midtown Pattanakarn。最新的数据中心位于曼谷东部，即 True IDC-East Bangna，最近通过了 Uptime Institute 认证。

从地区来看，True IDC 现在可通过在缅甸仰光提供服务的数据中心，推动跨国家/区域的数据中心服务。True IDC 通过与亚马逊、谷歌、微软、VMware、华为、中兴、Avaya、思科、腾讯等一流合作伙伴的合作，现已成为泰国第一家云服务提供商。

此外，True IDC 已与 SoftBank Group 的全资子公司——日本 BBIX Inc. 达成合资协议，以引入第 2 层互联网交换。True IDC 是中南半岛地区唯一一家在数据中心和云服务领域占据主导地位的提供商，并且已 7 年获得与数据中心和云服务相关的行业奖项。

Customer's Goal：

True IDC's mission is to enable ASEAN's Digital Economy. In order to achieve this，True IDC's strategy is to provide world class data center standards as the underlying digital infrastructure to support and enable Thailand's Digital Economy. True IDC sets the standard for Thailand's cloud and data center industry by having the most internationally recognized certifications including ISO

2000-1, ISO 27001, ISO 22301, ISO 50001, CSA STAR Cloud Security, PCI-DSS and an Uptime Institute Tier Ⅲ Silver Certification of Operational Sustainability and Tier Ⅲ Certification of Constructed Facility.

With True IDC's set of international standards, proven operational excellence and compliance, True IDC is the preferred cloud and data center provider that meets the needs of enterprises, medium-sized firms, and government agencies to help enable and support Thailand's digital economy to be competitive within the Indochina region.

客户目标：

True IDC 的使命是实现东南亚国家联盟的数字经济。为了实现这一目标，True IDC 的战略是提供世界级的数据中心水准，作为支持泰国数字经济的数字基础设施。True IDC 拥有最多国际认可的认证，包括 ISO2000-1、ISO27001、ISO22301、ISO50001、CSA STAR 云安全、PCI-DSS 和 Uptime Institute Tier Ⅲ建造认证（TCCF）和永续运营（TCOS）银级认证，为泰国的云和数据中心行业树立了标杆。

True IDC 拥有相关的国际标准，并经过卓越运营和合规性的验证，为泰国地区首选的云和数据中心提供商，可满足中型企业和政府机构的需求，帮助泰国在中南半岛地区取得数字经济的竞争优势。

Uptime Institute's Tier based solution:

With True IDC's innovation and commitment to customers, the company works with Uptime Institute, recognized globally for the creation and administration of the Tier Standards & Certifications for Data Center Design, Construction, and Operational Sustainability among other service offerings. With the Uptime Institute Tier Certifications, True IDC learned to further improve best practices as well as practical experience. True IDC is now better able to provide customers with a higher level of data center operations.

Being the leader in the Indo-China data center market is not only about gaining market share, it is also about gaining customer trust. In order to achieve that, having a Tier Certified data center that meets world class standards is the key to ensure that True IDC's businesses are protected and operated with global standards.

Uptime Institute 基于 Tier 的解决方案：

凭借 True IDC 的创新和对客户的承诺，该公司与 Uptime Institute 合作，而 Uptime Institute 为在数据中心行业创建和管理了数据中心设计、建设和永续运营等级标准和认证以及其他服务，并受到全球的认可。通过 Uptime Institute Tier 认证，True IDC 学会了进一步改进最佳实践和实践经验。True IDC 现在能够更好地为客户提供更高水平的数据中心运营。

作为中南半岛数据中心市场的领导者，不仅要获得市场份额，还要赢得客户的信任。为了实现这一目标，拥有符合世界级标准的 Tier Certified 数据中心是确保 True IDC 业务受到保障和运营的关键。

第7章

数据中心设计规范 GB 50174—2017 解读

7.1　数据中心设计

7.1.1　简介

目的（实施好处）：为规范数据中心的设计，确保电子信息系统安全、稳定、可靠地运行，做到技术先进、经济合理、安全适用、节能环保，制定 GB 50174—2017。

适用范围：GB 50174—2017 适用于新建、改造和扩建的数据中心的设计；包含政府数据中心、企业数据中心、金融数据中心、互联网数据中心、云计算数据中心、外包数据中心等从事信息和设计业务的数据中心。

原则（标准特点）：数据中心的设计应遵循近期建设规模与远期发展规划协调一致的原则。

数据中心的设计除应符合 GB 50174—2017 外，还应符合国家现行有关标准的规定。

7.1.2　数据中心分级及技术要求

根据 GB 50174—2017 的规定，数据中心应按服务等级的不同划分为 A、B、C 三级，设计时应根据数据中心的适用性质、数据丢失或网络中断在经济或社会上造成的损失或影响程度确定所属级别。与 2008 版比较，该部分内容主要强调数据丢失或网络中断造成的影响程度确定级别。

1）符合下列情况之一的数据中心应为 A 级：

a）电子信息系统运行中断将造成重大的经济损失；

b）电子信息系统运行中断将造成公共场所秩序严重混乱。

例如，金融行业、国家气象台、国家级信息中心、重要的军事部门、交通指挥调度中心、广播电台、电视台、应急指挥中心、邮政、电信等行业的数据中心及企业认为重要的数据中心。

2）符合下列情况之一的数据中心应为 B 级：

a）电子信息系统运行中断将造成较大的经济损失；

b）电子信息系统运行中断将造成公共场所秩序混乱。

例如，科研院所；高等院校；博物馆、档案馆、会展中心、政府办公楼等的数据中心。

3）不属于A级或B机的数据中心应为C级。

4）在同城或异地建立的灾备数据中心，设计时宜与主用数据中心等级相同。当灾备数据中心与主用数据中心数据实时传输备份，业务满足连续性要求时，灾备数据中心的等级可与主用数据中心等级相同，也可低于主用数据中心的等级。2017版与2008版比较，对灾备中心的要求是根据实际需要，也可降低一个级别。

5）数据中心基础设施各组成部分宜按照相同等级的技术要求进行设计，也可按照不同等级的技术要求进行设计，当各组成部分按照不同等级进行设计时，数据中心的等级应按照其中最低等级部分确定。

例如，基础设施由建筑、结构、空调、电气、网络、布线、给水排水等部分组成，如果电气按照A级技术要求进行设计，而空调按照B级技术要求进行设计，则此数据中心的等级为B级。

6）数据中心A级为“容错”系统，可靠性和可用性等级最高；B级为“冗余”系统，可靠性和可用性等级居中；C级为满足基本要求，可靠性和可用性等级最低。

A级数据中心涵盖B级和C级数据中心的性能要求，且比B级和C级数据中心的性能要求更高，意外事故包括操作失误、设备故障、正常电源中断等，一般按照发生一次意外事故做设计，不考虑多个意外事故同时发生。设备维护或检修也只考虑同时维修一个系统的设备，不考虑多系统的设备同时维修。在一次意外事故发生后或单系统设备维护或检修时，基础设施能够满足电子信息设备的基本运行需求。2017版明确要求容错级别按照发生一次意外事故做设计，能够保证数据中心的99.995安全系数，避免过度设计造成建设成本提高。

B级数据中心的基础设施应按冗余要求配置，在电子信息系统运行期间，基础设施在冗余能力范围内，不得因设备故障或例行检修而导致电子信息系统运行中断。

C级数据中心的基础设施应按基本需求配置，在基础设施正常运行情况下，应保证电子信息系统运行不中断。

数据中心按照哪个等级标准进行建设，应由建设单位根据数据丢失或网络中断在经济或社会上造成的损失或影响程度确定，同时还应综合考虑建设投资。等级高的数据中心可靠性高，但投资也相应增加。

7.2 GB 50174—2017规定的术语

（1）数据中心（data center）

为集中放置的电子信息设备提供运行环境的建筑场所，可以是一栋或几栋建筑物，也可以是一栋建筑物的一部分，包括主机房、辅助区、支持区和行政管理区等。2017版把电子信息系统机房修订为更确切的名词“数据中心”。

（2）主机房（computer room）

主要用于数据处理设备安装和运行的建筑空间，包括服务器机房、网络机房、存储机房等功能区域。

（3）辅助区（auxiliary area）

用于电子信息设备和软件安装、调试、维护、运行监控和管理的场所，包括进线间、测试机房、总控中心、消防和安防控制室、拆包区、备件库、打印室、维修室等区域。

（4）支持区（support area）

为主机房、辅助区提供动力支持和安全保障的区域，包括变配电、柴油发电机房、电池室、空调机房、动力站房、不间断电源系统用房、消防设施用房等。

（5）行政管理区（administrative area）

用于日常行政管理及客户对托管设备进行管理的场所，包括办公室、门厅、值班室、盥洗室、更衣间和用户工作室。

（6）灾备数据中心（business recovery data center）

用于灾难发生时，接替生产系统运行，进行数据处理和支持关键业务功能继续运作的场所，包括限制区、普通区和专用区。

（7）限制区（restricted area）

根据安全需要、限制不同类别人员进入的场所，包括主机房、辅助区和支持区。

（8）普通区（regular area）

用于灾难恢复和日常训练、办公的场所。

（9）专用区（dedicated area）

用于灾难恢复期间使用及放置设备的场所。

（10）基础设施（infrastructure）

专指在数据中心内，为电子信息设备提供运行保障的设施。

（11）电子信息设备（electronic information equipment）

对电子信息进行采集、加工、运算、存储、传输、检索等处理的设备，包括服务器、交换机、存储设备等。

（12）冗余（redundancy）

重复配置系统的一些或全部部件，当系统发生故障时，重复配置的部件介入并承担故障部件的工作，由此延长系统的平均故障间隔时间。

（13）$N+X$ 冗余（$N+X$ redundancy）

系统满足基本需求外，增加了 X 个组件、X 个单元、X 个模块或 X 个路径。任何 X 个组件、单元、模块或路径的故障或维护不会导致系统运行中断（$X=1\sim N$）。

（14）容错（fault tolerant）

具有两套或两套以上的系统，在同一时刻，至少有一套系统在正常工作。按容错系统配置的基础设施，在经受住一次严重的突发设备故障或人为操作失误后，仍能满足电子信息设备正常运行的基本需求。

（15）电磁干扰（electromagnetic interference）

电磁骚扰引起的装置、设备或系统性能的下降。

（16）电磁屏蔽（electromagnetic shielding）

用导电材料减少交变电磁场向指定区域的穿透。

（17）电磁屏蔽室（electromagnetic shielding enclosure）

专门用于衰减、隔离来自内部或外部电场、磁场能量的建筑空间体。

（18）截止波导通风窗（cut-off waveguide vent）

截止波导与通风口结合为一体的装置，该装置既允许空气流通，又能够衰减一定频率范围内的电磁波。

（19）可拆卸式电磁屏蔽室（modular electromagnetic shielding enclosure）

按照设计要求，由预先加工成型的屏蔽壳体模块板、结构件、屏蔽部件等，经过施工现场装配，组成具有可拆卸结构的电磁屏蔽室。

（20）焊接式电磁屏蔽室（welded electromagnetic shielding enclosure）

主体结构采用现场焊接方式建造的具有固定结构的电磁屏蔽室。

（21）配电列头柜（remote power panel）

为成行排列或按功能区划分的机柜提供配电管理的设备。

（22）网络配线柜（horizontal distribution area cabinet）

为成行排列或按功能区划分的机柜提供网络服务的水平配线区设备。

（23）智能布线管理系统（intelligent cabling management system）

一套完整的软硬件整合系统，通过对电子配线设备端口连接属性的实时监测，实现对布线系统和网络设备连接状态进行跟踪、记录和报告的智能化管理。

（24）静态（static state）

主机房空调系统正常运行，室内温度和露点温度达到电子信息设备的运行要求，但电子信息设备未运行时的状态。

（25）动态（dynamic state）

主机房的空调系统和电子信息设备正常运行，室内有相关人员在场时的状态。

（26）停机条件（stop condition）

主机房和辅助区的空调系统处于正常运行状态，室内温度和相对湿度满足电子信息设备的停机要求。

（27）静电泄放（electrostatic leakage）

带电体上的静电电荷通过带电体内部或其表面等途径，部分或全部消失的现象。

（28）体积电阻（volume resistance）

在防静电地板材料相对的两个表面上放置的两个电极间所加直流电压与流过两个电极间的稳态电流（不包括沿材料表面的电流）之商。

（29）保护性接地（protective earthing）

以保护人身和设备安全为目的的接地。

（30）功能性接地（functional earthing）

用于保证设备（系统）正常运行，正确地实现设备（系统）功能的接地。

（31）接地线（earthing conductor）

从接地端子或接地汇集排至接地极的连接导体。

（32）等电位联结带（bonding bar）

将等电位联结网格、设备的金属外壳、金属管道、金属线槽、建筑物金属结构等连接其上形成等电位联结的金属带。

（33）等电位联结导体（bonding conductor）

将分开的诸导电性物体连接到接地汇集排、等电位联结带或等电位联结网格的导体。

（34）电能利用效率（power usage effectiveness）

表征数据中心电能利用效率的参数，其数值为数据中心内所有用电设备消耗的总电能与所有电子信息设备消耗的总电能之比。

（35）水利用效率（water usage effectiveness）

表征数据中心水利用效率的参数，其数值为数据中心内所有用水设备消耗的总水量与所有电子信息设备消耗的总电能之比。

（36）自动转换开关电器（automatic transfer switching equipment）

由一个或几个转换开关电器和其他必需的电器组成，用于监测电源电路，并将一个或几个负载电路从一个电源自动转换至另一个电源的电器。

（37）计算流体动力学（computational fluid dynamics）

通过计算机模拟求解流体力学方程，对流体流动与传热等物理现象进行分析，得到温度场、压力场、速度场等的计算方法。

（38）双重电源（duplicate supply）

一个负荷的电源是由两个电路提供的，这两个电路就安全供电而言被认为是相互独立的。

（39）总控中心（enterprise command center）

为数据中心各系统提供集中监控、指挥调度、技术支持和应急演练的平台，也可称为监控中心。

（40）不间断电源系统（uninterruptible power system）

由变流器、开关和储能装置组合构成的系统，在输入电源正常和故障时，输出交流或直流电源，在一定时间内，维持对负载供电的连续性。

（41）总体拥有成本（Total cost of ownership）

数据中心全生命周期内，建设费用和运行费用的总和。

（42）云计算（cloud computing）

一种运算资源服务模式，能够让用户通过网络方便地按照需要使用资源池提供的可配置运算资源，该资源可以快速部署与发布。

（43）数据中心基础设施管理系统（Data Center Infrastructure Management）

通过持续收集数据中心的资产、资源信息，以及各种设备的运行状态，分析、整合和提炼有用数据，帮助数据中心运行维护人员管理数据中心，并优化数据中心的性能。

7.3 设备布置要求

1）电力供给应充足可靠，通信应快速畅通，交通应便捷；

2）采用水蒸发冷却方式制冷的数据中心，水源应充足，水量的供给要满足每日蒸发量的需求；

3）自然环境应清洁，环境温度应有利于节约能源，外界环境温度较低，利用自然冷源的时间较长，利于节约能源；

4）应远离产生粉尘、油烟、有害气体以及生产或贮存具有腐蚀性、易燃、易爆物品的场所，避免上述有害物质进入机房腐蚀 IT 设备；

5）应远离水灾、地震等自然灾害隐患区域；

6）应远离强振源和强噪声源；

7）应避开强电磁场干扰；

8）A 级数据中心不宜建在公共停车库的正上方；

9）大中型数据中心不宜建在住宅小区和商业区内。

2017 版增加了第 2、3、8、9 条，主要强调节能、安全及大型数据中心对水的需求。

7.4 中心组成

数据中心的组成应根据系统运行特点及设备具体要求确定，宜由主机房、辅助区、支持区、行政管理区等功能区组成。

主机房的使用面积应根据电子信息设备的数量、外形尺寸和布置方式确定，并应预留今后业务发展需要的使用面积。主机房的使用面积可按下式计算：

$$A = SN \tag{7-1}$$

式中 A——主机房的使用面积（m^2）；

S——单台机柜（架）、大型电子信息设备和列头柜等设备占用面积（m^2/台），可取 $2.0 \sim 4.0m^2$/台，2008 版为 $3.5 \sim 5.5m^2$/台，2017 版修订提高了机房容积率，S 的数值要根据单台机柜的实际用电功率选取，单机柜功率越大，S 的数值越大；

N——主机房内所有机柜（架）、大型电子信息设备和列头柜等设备的总台数。

辅助区和支持区的面积之和可为主机房面积的 1.5 ~ 2.5 倍。机房功率密度的增加导致辅助区和支持区的面积与主机房面积之比提高。

用户工作室的使用面积可按 $4 \sim 5m^2$/人计算；硬件及软件人员办公室等有人长期工作的房间，使用面积可按 $5 \sim 7m^2$/人计算。

在灾难发生时，仍需保证电子信息业务连续性的单位，应建立灾备数据中心。灾备数据中心的组成应根据安全需求、使用功能和人员类别划分为限制区、普通区和专用区。与

2008 版比较，为了保证重要业务系统的安全，提出必须建立灾备数据中心。

7.5　建筑结构

7.5.1　机房布局及防火设计

在快速发展的信息化时代，数据中心作为为电子信息设备提供运行环境的建筑场所，任务极其重要。数据中心建筑应具备安全可靠性、灵活性、可扩展性、可分期性等特点。安全可靠性应从建筑结构、电气系统、空调系统、消防系统、弱电系统等各方面进行可靠性的设计与建设。

建筑结构设计应按国家相关标准的要求来执行，详细规范见表 7-1。

表 7-1　建筑结构设计相关标准

名　　称	标　准　号
《民用建筑设计统一标准》	GB 50352—2019
《建筑设计防火规范（2018 年版）》	GB 50016—2014
《数据中心设计规范》	GB 50174—2017
《建筑工程建筑面积计算规范》	GB/T 50353—2013
《建筑内部装修设计防火规范》	GB 50222—2017
《建筑地面设计规范》	GB 50037—2013
《民用建筑工程室内环境污染控制规范（2013 年版）》	GB 50325—2010
《建筑玻璃应用技术规程》	JGJ 113—2015
《外墙外保温工程技术规程》	JGJ 144—2008
《建筑外墙防水工程技术规程》	JGJ/T 235—2011
《建筑外门窗气密、水密、抗风压性能分级及检测方法》	GB/T 7106—2008
《建筑外窗保温性能分级及检测方法》	GB/T 8484—2008
《建筑外门窗空气声隔声性能分级及检测方法》	GB/T 8485—2008
《铝合金门窗工程设计、施工及验收规范》	DBJ 15-30—2002
《预拌砂浆应用技术规程》	JGJ/T 223—2010
《屋面工程技术规范》	GB 50345—2012
中华人民共和国住房和城乡建设部《建筑工程设计文件编制深度规定》（2016 年版）	
《建筑结构可靠性设计统一标准》	GB 50068—2018
《混凝土结构耐久性设计规范》	GB/T 50476—2008
《建筑结构荷载规范》	GB 50009—2012
《建筑工程抗震设防分类标准》	GB 50223—2008
《建筑抗震设计规范（2016 年版）》	GB 50011—2010

（续）

名　　称	标　准　号
《混凝土结构设计规范》（2015 年版）	GB 50010—2010
《高层建筑混凝土结构技术规程》	JGJ 3—2010
《砌体结构设计规范》	GB 50003—2011
《钢筋机械连接技术规程》	JGJ 107—2016
《建筑地基基础设计规范》	GB 50007—2011
《建筑桩基技术规范》	JGJ 94—2008
《建筑变形测量规范》	JGJ 8—2016
《地下工程防水技术规范》	GB 50108—2008
《混凝土外加剂应用技术规范》	GB 50119—2013
《建筑结构制图标准》	GB/T 50105—2010
《钢筋焊接及验收规程》	JGJ 18—2012
《建筑地基基础技术规范》	DB 42/242—2014

按数据中心建设规模、设施功能和使用要求，并结合数据中心所在地的自然条件及城市规划等因素确定建筑物的形态与布局。数据中心通常是分批次建设，分阶段投入运行，为实现节约用地、节约用能和便于数据中心后期的高效运行维护的目标，数据中心的建筑设计需考虑到数据中心近期建设和远期使用规划的关系，进行合理的平面布置。GB 50710—2011《电子工程节能设计规范》中，总平面布置涉及明确的功能分区、紧凑的设施布置以及缩短设备设施的运输距离等方面。

GB 50352—2019《民用建筑设计统一标准》中规定建筑布局时应考虑以下因素：

1）建筑布局应使建筑基地内的人流、车流与物流合理分流，防止干扰，并有利于消防、停车和人员集散；

2）建筑布局应根据地域气候特征，防止和抵御寒冷、暑热、疾风、暴雨、积雪和沙尘等灾害侵袭，并应利用自然气流做好通风，防止不良小气候产生；

3）根据噪声源的位置、方向和强度，应在建筑功能分区、道路布置、建筑朝向、距离以及地形、绿化和建筑物的屏障作用等方面采取综合措施，以防止或减少环境噪声；

4）建筑物与各种污染源的卫生距离，应符合有关卫生标准的规定。

建筑平面布置应根据建筑的使用性质、功能、工艺要求，合理布局，并具有一定的灵活性。地震区的建筑平面布置宜规整，不宜错层。建筑设计应符合 GB/T 50002—2013《建筑模数协调标准》的规定。建筑平面的柱网、开间、进深、层高、门窗洞口等主要定位线尺寸，应为基本模数的倍数，并应符合下列规定：

1）平面的开间进深、柱网或跨度、门窗洞口宽度等主要定位尺寸，宜采用水平扩大模数数列 $2nM$、$3nM$（n 为自然数）；

2）层高和门窗洞口高度等主要标注尺寸，宜采用竖向扩大模数数列 nM（n 为自然数）。

相对于 GB 50352—2005《民用建筑设计通则》版本而言，GB 50352—2019《民用建筑设计统一标准》有所变化：

1）增加了对建筑设计体现地域文化、时代特色方面的要求；

2）修改与增加了术语；

3）调整了相关专业技术内容（如给水排水专业）等。

楼地面部分执行 GB 50037—2013《建筑地面设计规范》的规定：

1）地面垫层应敷设在均匀密实的地基上。敷设在淤泥、淤泥质土、冲填土及杂填土等软弱地基上时，应根据地面使用要求、土质情况并按 GB 50007—2011《建筑地基基础设计规范》的有关规定进行设计与处理。

2）地面垫层下的填土应选用砂土、粉土、黏性土及其他有效填料，不得使用过湿土、淤泥、腐殖土、冻土、膨胀土及有机物含量大于8%的土。填料的质量和施工要求，应符合 GB 50202—2018《建筑地基基础工程施工质量验收规范》的有关规定。

3）有大面积地面荷载的厂房、仓库及重要的建筑物地面，应计入地基可能产生的不均匀变形及其对建筑物的不利影响，并应符合现行国家标准 GB 50007—2011《建筑地基基础设计规范》的有关规定。

4）压实填土地基的压实系数和控制含水量，应符合现行国家标准 GB 50007—2011《建筑地基基础设计规范》的有关规定。压实系数应经现场试验验证。

5）室内混凝土垫层：均应设置纵、横向伸缩缝，纵向伸缩缝间距 3～6m，横向伸缩缝间距 6～12m，如图 7-1 所示。

对于数据中心建筑的抗震要求，在 GB 50174—2017《数据中心设计规范》主编解读系列文章中指出，根据建筑遭遇地震破坏后，可能造成人员伤亡、直接和间接经济损失、社会影响程度及其在抗震救灾中的作用等因素，《建筑工程抗震设防分类标准》将建筑分为甲、乙、丙、丁四个抗震设防类别，其中乙类和丙类的抗震设防要求如下：

乙类（重点设防类）：地震时使用功能不能中断或需要尽快恢复的与生命线相关建筑，以及地震时可能导致大量人员伤亡等重大灾害后果，应按高于本地区抗震设防烈度一度的要求加强其抗震措施。

丙类（标准设防类）：按标准要求进行设防的建筑，应按本地区抗震设防烈度确定其抗震措施和地震作用，达到在遭遇高于当地抗震设防烈度的预估罕遇地震影响时不致倒塌或发生危及生命安全的严重破坏的抗震设防目标。

抗震设防为丙类的建筑，结构设计应满足“小震不坏、中震可修、大震不倒”的原则，在地震情况下处于安全状态，所以大多数建筑的抗震设防为丙类。从建筑结构上来讲，上述的原则已基本满足数据中心的使用要求。

对于新建 A 级数据中心，为了提高可靠性，提高新建 A 级数据中心的建设标准，数据中心设计规范将新建 A 级数据中心的抗震设防提高到乙类。抗震设防乙类比丙类在构造上进行了加强，延性更好，安全度储备更高。

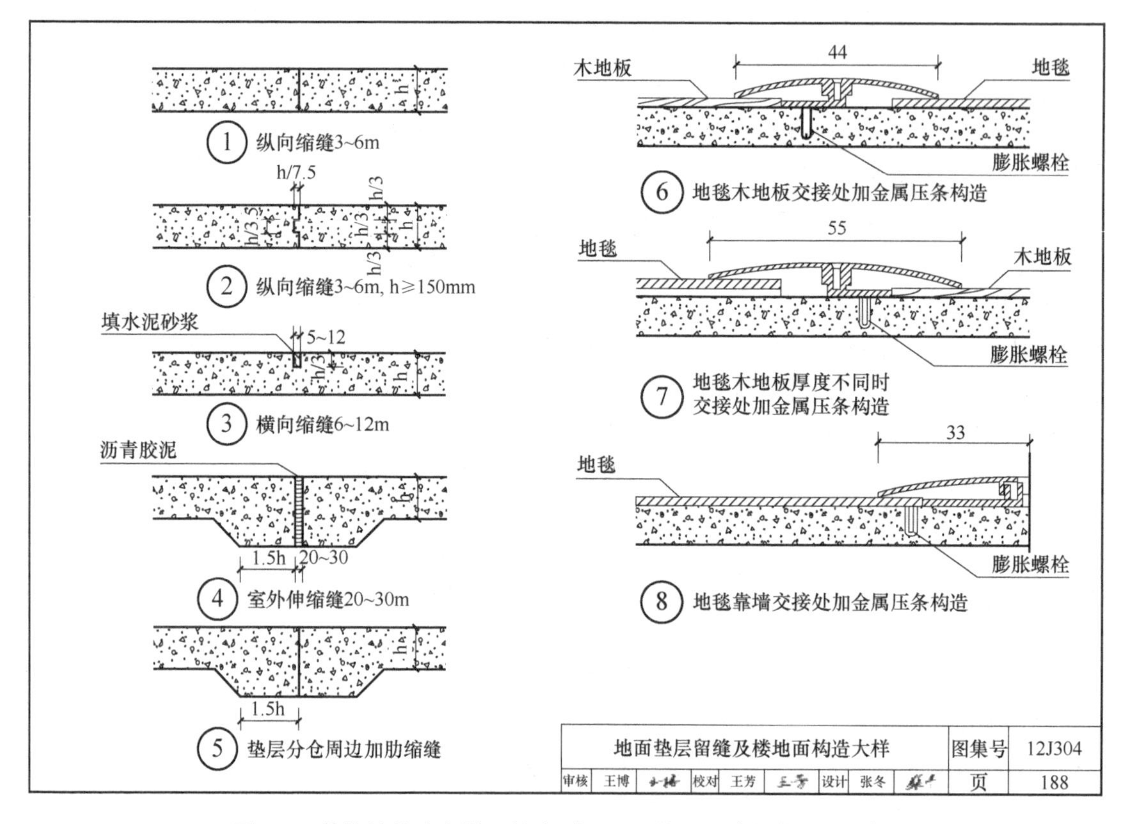

图 7-1　伸缩缝构造大样（摘自《12J304 楼地面建筑构造图集》）

目前国内数据中心有超过 60% 以上的项目是采用已有建筑建设的，当已有建筑抗震设防类别为丙类，且使用荷载满足要求时，就已经满足了数据中心的使用要求。在这种情况下，如果还要求将建筑加固到乙类，则基本上所有的已有建筑都不满足要求，且加固难度很大，加固成本巨大，造成浪费。

根据上述原因，对改建项目，如果满足使用荷载的要求，对抗震设防类别为丙类的建筑不做加固处理。

1. 机房布局

电子机房主要有：计算机机房、电信机房、控制机房，对国家机关、军队、公安、银行、铁路等单位有保密数据还需建设屏蔽机房；抗干扰强要求高的通信设备的测试场所，建屏蔽机房防止外界电磁信号干扰；对有强电磁干扰的机房应进行电磁屏蔽处理，以免干扰附近的机房设备正常运行。

图 7-2 说明了一个典型数据中心的主要空间和它们之间及与数据中心以外的空间的关系。

机房的具体布局要求如下：

1）机房的功能要考虑各个系统的设置；

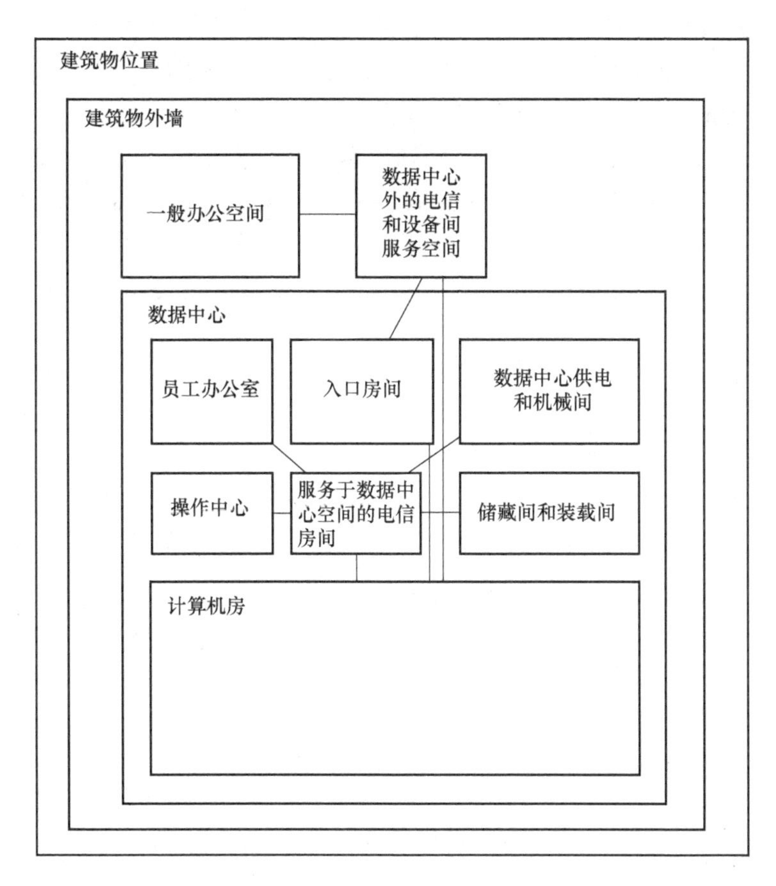

图 7-2　数据中心的空间关系（摘自 TIA 942-B《数据中心电信基础设施标准》）

2）要符合相关国家标准规范，并满足电气、空调、通风、消防、网络、智能化及装修艺术、环境标准的要求。

机房布局还需考虑功能房间的合理分配，功能房间包括：

1）主机房：包括服务器机房、网络机房存储机房等功能区域。

2）辅助区：包括进线间、测试机房、总控中心、消防和安防控制室、拆包区、备件库、打印室、维修室等区域。

3）支持区：变配电室、柴油发电机房、不间断电源系统室、电池室、空调机房、动力站房、消防设施用房等。

4）行政管理区：包括办公室、门厅、值班室、盥洗室、更衣间和用户工作室等。

5）限制区：根据安全需要，限制不同类别人员进入的场所，包括主机房、辅助区和支持区等。

6）普通区：用于灾难恢复和日常训练、办公的场所。

7）后期保障区：餐饮、住宿、停车场、活动场所。

对于多层或高层建筑物内的数据中心，设备运输、管线敷设、雷电感应、结构荷载、水患、机房空调布置等因素都会影响主机房位置的确定。其中具体影响如下：

1）设备运输包括冷水机组、机房空调、冷却塔、UPS（不间断电源系统）、变压器、高低压配电等大型设备的运输，运输线路应尽量短。

2）管线敷设（包括强、弱电缆和冷媒管的敷设）线路应尽量短；当管线需穿越楼层时，宜设置技术竖井。竖井的断面尺寸应满足管道安装、检修所需空间的要求；竖井宜在每层靠公共走廊的一侧设检修门或可拆卸的壁板在安全、防火和卫生方面互有影响的管道不应敷设在同一竖井内；井壁、检修门及管井开洞部分等应符合防火规范的有关规定。

3）雷电感应是为了减少雷击造成的电磁感应侵害，主机房宜选择在建筑物低层中心部位，并尽量远离建筑物外墙结构柱子。

4）结构荷载是指由于主机房的活荷载标准值远远大于建筑的其他部分，从经济角度考虑，主机房宜选择在建筑物的低层部位。机房内设备密度较大，对建筑楼板承重有特殊要求，在机房选址和设计时应该核实机房位置的建筑承重；对于个别机房需考虑做楼板的承重加固。机房布局时，把大型设备放置在机房的承重梁上。

5）水患是指数据中心不宜设置在地下室的最底层。当设置在地下室的最底层时，应采取措施，防止管道泄漏、消防排水等水渍损失。

6）机房专用空调的室内主机与室外机在高度差和距离上需满足使用要求，因此在确定主机房位置时，应考虑机房专用空调室外机的安装位置。

7）主机房不宜设置变形缝是为了避免因主体结构的不均匀沉降破坏电子信息系统的运行安全。当由于主机房面积太大而无法保证变形缝不穿过主机房时，则必须控制变形缝两边主体结构的沉降差。

2. 建筑结构设计的防火设计要求

数据中心建筑结构进行防火设计时，需符合 GB 50174—2017《数据中心设计规范》及 GB 50016—2014《建筑设计防火规范（2018 年版）》中关于其耐火等级、生产的火灾危险性类别、安全疏散等的相关规定。当数据中心按照厂房设计时要求如下：

（1）耐火等级

耐火极限指的是在标准耐火试验条件下，建筑构件、配件或结构从受到火的作用时起，至失去承载能力、完整性或隔热性时止所用时间，用小时（h）表示。

1）厂房（仓库）的耐火等级可分为一、二、三、四级。其构件的燃烧性能和耐火极限除本规范另有规定者外，不应低于表 7-2 中的规定。

2）一、二级耐火等级单层厂房（仓库）的柱，其耐火极限分别不应低于 2.5h 和 2h。数据中心的耐火等级不应低于二级。

（2）生产的火灾危险性分类

生产的火灾危险性应根据生产中使用或产生的物质性质及其数量等因素划分，可分为甲、乙、丙、丁、戊五类，且应符合表 7-3 中的规定。

表 7-2　厂房（仓库）建筑构件的燃烧性能和耐火极限

名　称		耐火等级/h			
构　件		一级	二级	三级	四级
墙	防火墙	不燃性 3.00	不燃性 3.00	不燃性 3.00	不燃性 3.00
	承重墙	不燃性 3.00	不燃性 2.50	不燃性 2.00	难燃性 0.50
	楼梯间和前室的墙 电梯井的墙	不燃性 2.00	不燃性 2.00	不燃性 1.50	难燃性 0.50
	疏散走道 两侧的隔墙	不燃性 1.00	不燃性 1.00	不燃性 0.50	难燃性 0.25
	非承重外墙 房间隔墙	不燃性 0.75	不燃性 0.50	难燃性 0.50	难燃性 0.25
柱		不燃性 3.00	不燃性 2.50	不燃性 2.00	难燃性 0.50
梁		不燃性 2.00	不燃性 1.50	不燃性 1.00	难燃性 0.50
楼板		不燃性 1.50	不燃性 1.00	不燃性 0.75	难燃性 0.50
屋顶承重构件		不燃性 1.50	不燃性 1.00	难燃性 0.50	可燃性
疏散楼梯		不燃性 1.50	不燃性 1.00	不燃性 0.75	可燃性
吊顶（包括吊顶搁栅）		不燃性 0.25	难燃性 0.25	难燃性 0.15	可燃性

注：二级耐火等级建筑内采用不燃材料的吊顶，其耐火极限不限。

表 7-3　生产的火灾危险性分类

生产的火灾危险性类别	使用或产生下列物质生产的火灾危险性特征
丙	1）闪点不小于 60℃的液体 2）可燃固体
丁	1）对不燃物质进行加工，并在高温或熔化状态下经常产生强辐射热、火花或火焰的生产 2）利用气体、液体、固体作为燃料或将气体、液体进行燃烧作其他用的各种生产 3）常温下使用或加工不燃烧物质的生产

防火分区指的是在建筑内部采用防火墙、楼板及其他防火分隔设施分隔而成，能在一定时间内防止火灾向同一建筑的其余部分蔓延的局部空间。厂房的层数和每个防火分区的最大允许建筑面积应符合 GB 50016—2014《建筑设计防火设计规范（2018 年版）》的规定，见表 7-4。

表 7-4 厂房的层数和每个防火分区的最大允许建筑面积

生产的火灾危险性类别	厂房的耐火等级	最多允许层数	每个防火分区最大允许建筑面积/m^2			
			单层厂房	多层厂房	高层厂房	地下或半地下厂房（包括地下或半地下室）
丙	一级	不限	不限	6000	3000	500
	二级	不限	8000	4000	2000	500
	三级	2	3000	2000	—	—
丁	一、二级	不限	不限	不限	4000	1000
	三级	3	4000	2000	—	—
	四级	1	1000	—	—	—

（3）安全疏散

当数据中心按照厂房进行设计时，数据中心的火灾危险性分类应为丙类。

1）厂房的安全出口应分散布置。每个防火分区或一个防火分区的每个楼层，其相邻 2 个安全出口最近边缘之间的水平距离应不小于 5m。

2）厂房的每个防火分区或一个防火分区内的每个楼层，其安全出口的数量应经计算确定，且不应少于 2 个；当符合下列条件时，可设置 1 个安全出口：

a）丙类厂房，每层建筑面积≤250m^2，且同一时间的作业人数不超过 20 人；

b）丁、戊类厂房，每层建筑面积不大于 400m^2，且同一时间的作业人数不超过 30 人；

c）地下、半地下厂房或厂房的地下室、半地下室，每层建筑面积小于等于 50m^2，且同一时间的作业人数不超过 15 人。

3）厂房内任一点至最近安全出口的距离不应大于表 7-5 中的规定。

表 7-5 厂房内任一点至最近安全出口的距离（m）

生产的火灾危险性类别	耐火等级	单层厂房	多层厂房	高层厂房	地下、半地下厂房或厂房的地下室、半地下室
丙	一、二级	80.0	60.0	40.0	30.0

4）厂房内疏散楼梯、走道、门的各自总净宽度应根据疏散人数按每 100 人的最小疏散净宽度不小于表 7-6 的规定计算确定。但疏散楼梯的最小净宽度不宜小于 1.1m，疏散走道的最小净宽度不宜小于 1.4m，门的最小净宽度不宜小于 0.9m。当每层人数不相等时，疏散楼梯的总净宽度应分层计算，下层楼梯总净宽度应按该层及以上疏散人数最多的一层疏散人数计算。

表 7-6　厂房内疏散楼梯、走道和门的每 100 人最小疏散净宽度指标

厂房层数	1～2	3	≥4
最小疏散净宽度/(m/百人)	0.6	0.8	1.0

5）首层外门的总净宽度应按该层及以上疏散人数最多一层的疏散人数计算，且该门的最小净宽度不应小于 1.2m。

当数据中心按照民用建筑设计时，防火设计可按照 GB 50016—2014 中民用建筑的相应内容及数据中心设计规范的相关要求进行设计。

7.5.2　人流、物流出入口

避免人流、物流的交叉，提高数据中心的安全性，减少灰尘进入主机房。尤其是当数据中心位于其他建筑物内时，应采取措施，避免无关人员和货物进入数据中心。

有人操作区（测试机房、总控中心、备件库、维修室、用户工作室等）和无人操作区（主机房）宜分开布置，如图 7-3 所示。减少人员将灰尘带入无人操作区的机会。

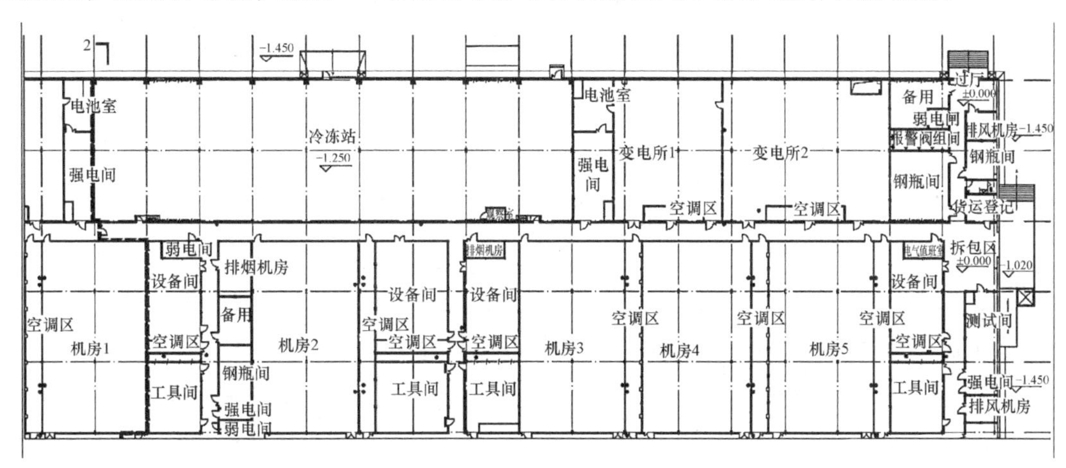

图 7-3　某数据中心布局

数据中心内通道的宽度及门的尺寸应满足设备和材料的运输要求，建筑入口至主机房的通道净宽不应小于 1.5m。

数据中心可设置门厅、休息室、值班室和更衣间。更衣间使用面积可按最大班人数的 $1\sim3m^2$/人计算。

7.5.3　围护结构热工设计及节能措施

围护结构的热工设计对于成本要求及建筑节能具有重要的意义。GB 50736—2012《民用建筑供暖通风与空气调节设计规范》中指出，工艺性空调区围护结构的传热系数，应符合国家现行节能设计标准的有关规定，并且应大于表 7-7 中的规定值。表中内墙和楼板的有关数值，仅适用于相邻空调区的温差大于 3℃时。

表 7-7　工艺性空调区围护结构最大传热系数 *K* 值 [W/(m²·K)]

围护结构名称	室温波动范围/℃		
	±0.1～0.2	±0.5	≥±1.0
屋顶	—	—	0.8
顶棚	0.5	0.8	0.9
外墙	—	0.8	1.0
内墙和楼板	0.7	0.9	1.2

GB 50189—2015《公共建筑节能设计标准》中对不同气候分区甲类公共建筑的围护结构热工性能限值进行了规定，其中屋顶、外墙、外窗传热系数限值的要求见表 7-8。当不能满足限值规定时，需要按 GB 50189—2015 进行相应的权衡判断。

表 7-8　不同气候分区甲类公共建筑的屋顶、外墙、外窗传热系数限值

气候分区		传热系数/保温材料层热阻		
		屋面传热系数 *K* /[W/(m²·K)]	外墙传热系数 *K* /[W/(m²·K)]	周边地面保温材料层热阻 *R*/[(m²·K)/W]
严寒 A、B 区	体形系数≤0.3	≤0.28	≤0.38	≥1.1
	0.3≤体形系数≤0.5	≤0.25	≤0.35	≥1.1
严寒 C 区	体形系数≤0.3	≤0.35	≤0.43	≥1.1
	0.3≤体形系数≤0.5	≤0.28	≤0.38	≥1.1
寒冷地区	体形系数≤0.3	≤0.45	≤0.5	≥0.6
	0.3≤体形系数≤0.5	≤0.40	≤0.45	≥0.6
夏热冬冷地区	*D*≤2.5	0.4	0.6	—
	D>2.5	0.5	0.8	—
夏热冬暖地区	*D*≤2.5	0.5	0.8	—
	D>2.5	0.8	1.5	—
温和地区 A 区	*D*≤2.5	0.5	0.8	—
	D>2.5	0.8	1.5	—

DB11/T 1282—2015《数据中心节能设计规范》中提出数据中心建筑的规划设计应综合考虑本地区气候条件、冬、夏季太阳辐射强度、风环境、围护结构构造形式等各方面的因素，合理确定建筑形状；数据中心建筑节能设计应符合 GB 50174—2017、GB 50710—2018 和 DB11/687—2015 的相关现行规定等要求。

主机房为了保证服务器、网络设备等设备的正常运转，主机房需要处于恒温恒湿的运行环境，因此，主机房冬季保温、夏季隔热以及防结露等技术问题都需着重考虑。在夏季，室外温度较高，空气相对湿度大，机房内外存在较大的温差，此时做好保温措施，可有效避免机房区域两个相邻界面的结露，例如天花结构面层结露严重的话会导致设施损坏。在冬季，

机房的相对湿度比外界大，热桥内外表面温差小，内表面温度容易低于室内空气露点温度，造成机房内立面墙、地板、楼板等围护结构内表面产生结露，导致机房受潮，墙立面损坏，机房的洁净度受影响等。故建筑外墙可设高效保温隔热材料。

热桥指的是由于围护结构中窗、过梁、钢筋混凝土抗震柱、钢筋混凝土剪力墙、梁、柱等部位的传热系数远大于主体部位的传热系数，形成的热流密集通道。

主机房外墙不设外窗，可减少进入机房的太阳辐射热量。

7.5.4　室内外装修

室内装修主要是满足机柜、设备等对机房提出的技术要求，使得机房的数据处理、通信、检测、监控等功能满足信息化系统应用的要求，同时满足温度、湿度、尘埃、电源质量、照度、噪声等环境要求。在机房装饰上以既大方舒适，又满足其技术要求为原则。

对室内外装修，GB 50352—2019《民用建筑设计统一标准》中指出：

1）室内外装修不应影响建筑物结构的安全性。当既有建筑改造时，应进行可靠性鉴定，根据鉴定结果进行加固。

2）装修工程应根据使用功能等要求，采用节能、环保型装修材料，且应符合GB 50016—2014《建筑设计防火规范（2018 年版）》的相关规定。

3）室内装修不得遮挡消防设施标志、疏散指示标志及安全出口，并不得影响消防设施和疏散通道的正常使用；既有建筑重新装修时，应充分利用原有设施、设备管线系统，且应满足国家现行相关标准的规定；室内装修材料应符合现行国家标准 GB 50325—2010《民用建筑工程室内环境污染控制规范》中的相关要求。

4）外墙装修材料或构件与主体结构的连接必须安全牢固。

GB 50222—2017《建筑内部装修设计防火规范》中规定：消防水泵房、机械加压送风排烟机房、固定灭火系统钢瓶间、配电室、变压器室、发电机房、储油间、通风和空调机房等，其内部所有装修均应采用 A 级装修材料。

选择装饰材料时，满足吸音、防火、防潮、防变形、抗干扰、防静电等要求。装饰后，整个机房装饰后，符合现代化的装饰水平和视觉效果：色调柔和、通透宽敞、不压抑、舒适。装修材料按其燃烧性能应划分为四级，并应符合表 7-9 的要求。

表 7-9　装修材料燃烧性能等级

等　级	装修材料燃烧性能
A	不燃性
B1	难燃性
B2	可燃性
B3	易燃性

常用建筑内部装修材料燃烧性能等级划分举例见表 7-10。

表 7-10　常用建筑内部装修材料燃烧性能等级划分举例

材料类别	级　别	材 料 举 例
各部位材料	A	花岗石、大理石、水磨石、水泥制品、混凝土制品、石膏板、石灰制品、黏土制品、玻璃、瓷砖、马赛克、钢铁、铝、铜合金、天然石材、金属复合板、纤维石膏板、玻镁板、硅酸钙等
顶棚材料	B1	纸面石膏板、纤维石膏板、水泥刨花板、矿棉板、玻璃棉装饰吸声板、珍珠岩装饰吸声板、难燃胶合板、难燃中密度纤维板、岩棉装饰板、难燃木材、铝箔复合材料、难燃酚醛胶合板、铝箔玻璃钢复合材料、复合铝箔玻璃面板等
墙面材料	B1	纸面石膏板、纤维石膏板、水泥刨花板、玻璃面板、珍珠岩板、难燃胶合板、难燃中密度纤维板、防火塑料装饰板、难燃双面刨花板、多彩涂料、难燃墙纸、难燃墙布、难燃仿花岗岩装饰板、氯氧镁水泥配式墙板、难燃玻璃钢平板、难燃 PVC 塑料护墙板、阻燃模压木质复合板材、彩色难燃人造板、难燃玻璃钢、复合铝箔玻璃面板等
	B2	各类天然木材、木质人造板、竹材、纸制装饰板、装饰微薄木贴面板、印刷木纹人造板、塑料贴面装饰板、聚酯装饰板、复塑装饰板、塑纤板、胶合板、塑料壁纸、无纺贴墙布、墙布、复合壁纸、天然材料壁纸、人造革、实木饰面装饰板、胶合竹夹板等
地面材料	B1	硬 PVC 塑料地板、水泥刨花板、水泥木丝板、氯丁橡胶地板、难燃羊毛地毯等
	B2	半硬质 PVC 塑料地板、PVC 卷材地板等
装饰织物	B1	经阻燃处理的各类难燃织物等
	B2	半硬质 PVC 塑料地板、PVC 卷材地板等
其他装修装饰材料	B1	难燃聚氯乙烯塑料、难燃酚醛塑料、聚四氟乙烯塑料、难燃脲醛塑料、硅树脂塑料装饰型材、经难燃处理的各类织物等
	B2	经阻燃处理的聚乙烯、聚丙烯、聚氨酯、聚苯乙烯、玻璃钢、化纤织物、木制品等

厂房内部各部位装修材料的燃烧性能等级，不应低于表 7-11 的规定。

表 7-11　厂房内部各部位装修材料的燃烧性能等级

序号	厂房火灾危险性和性质	建筑规模	装修材料燃烧性能等级						
			顶棚	墙面	地面	隔断	固定家具	装饰织物	其他装修装饰材料
1	火灾荷载较高的丙类厂房	单/多层	A	A	B1	B1	B1	B2	B2
		高层	A	A	A	B1	B1	B1	B1
2	丙类厂房	地下	A	A	A	B1	B1	B1	B1
3	无明火的丁类厂房	单/多层	B1	B2	B2	B2	B2	B2	B2
		高层	B1	B1	B2	B2	B1	B1	B1
		地下	A	A	B1	B1	B1	B1	B1

装修材料的燃烧性能等级应按现行国家标准 GB 8624—2012《建筑材料及制品燃烧性能分级》的有关规定，经检测确定。

室内装修工程中的地板工程、吊顶工程等的相关介绍如下：

1. 地板

防静电活动地板指的是带有防静电贴面材料或防静电涂层、具有防静电性能的活动地板。防静电活动地板包括地板板块和地板支撑系统。

安装防静电活动地板可以起到以下作用：

1）机房内机柜置于易更换的地板上，便于日后机柜的摆放、移动，地板送风口的增减等；

2）地板上机房内设备布置整齐，起到装饰的作用。

抗静电活动地板的基层材料包括复合（中、高密度刨花板）、全钢、硫酸钙、铝合金等。地板的电气性能、力学指标、机械强度均应符合SJ/T 10796—2018《防静电活动地板通用规范》的有关规定。GB 50462—2015《数据中心基础设施施工及验收规范》中指出，活动地板的铺设应在其他室内装修施工及设备基座安装完成后进行。

2. 吊顶

吊顶板系统包括轻钢龙骨纸面石膏板整体面层类吊顶、矿棉吸声板块版面类吊顶、玻璃纤维吸声板吊顶、金属板吊顶、柔性吊顶等。

（1）构造

GB 50352—2019《民用建筑设计统一标准》中对于建筑物吊顶构造规定如下：

1）室外吊顶应根据建筑性质、高度及工程所在地的地理、气候和环境等条件合理选择吊顶的材料及形式。吊顶构造应满足安全、防火、抗震、抗风、耐候、防腐蚀等相关标准的要求。室外吊顶应有抗风揭的加强措施。

2）室内吊顶应根据使用空间功能特点、高度、环境等条件合理选择吊顶的材料及形式。吊顶构造应满足安全、防火、抗震、防潮、防腐蚀、吸声等相关标准的要求。

3）室外吊顶与室内吊顶交界处应有保温或隔热措施，且应符合国家现行建筑节能标准的相关规定。

4）吊顶与主体结构的吊挂应有安全构造措施，重物或有振动等的设备应直接吊挂在建筑承重结构上，并应进行结构计算，满足现行相关标准的要求；当吊杆长度大于1.5m时，宜设钢结构支撑架或反支撑。

5）吊顶系统不得吊挂在吊顶内的设备管线或设施上。

6）管线较多的吊顶应符合下列规定：

a）合理安排各种设备管线或设施，并应符合国家现行防火、安全及相关专业标准的规定；

b）上人吊顶应满足人行及检修荷载的要求，并应留有检修空间，根据需要应设置检修道（马道）和便于进出入吊顶的人孔；

c）不上人吊顶宜采用便于拆卸的装配式吊顶板或在需要的位置设检修孔。

7）当吊顶内敷设有水管线时，应采取防止产生冷凝水的措施。

8）潮湿房间或环境的吊顶，应采用防水或防潮材料和防结露、滴水及排放冷凝水的措施；钢筋混凝土顶板宜采用现浇板。

（2）吊顶材料

吊顶材料应该不起尘、不吸尘，还需根据具体房间功能具有相应的吸音、防火、防水、防腐等性能，方便拆装、自重轻，有一定的强度，并具良好的装饰效果。

轻钢龙骨纸面石膏板吊顶、矿物棉吸声板吊顶做法均有单层龙骨和双层龙骨两种。直接吊挂于室内顶部结构为单层龙骨，做法简单经济。轻钢龙骨纸面石膏板双层龙骨吊顶，设有主龙骨和次龙骨。矿物棉吸声板双层龙骨吊顶上层大龙骨，下层T形主龙骨。金属板吊顶通过吊杆将龙骨直接吊装在室内顶部结构上。

7.6 空气调节

7.6.1 一般要求

数据中心空调设计与不同功能房间的环境要求息息相关。数据中心空气调节设计内容一般包括负荷计算、气流组织、系统设计、设备选择等。设计范围应包括各种不同功能房间，如服务器机房等的主机房，进线间等的辅助区，变配电室等的支持区和办公室等的行政管理区。

不同功能房间的环境要求包括温度和相对湿度、露点温度、温度变化率的要求见表7-12。

表7-12 不同功能房间的环境要求

主机房环境温度和相对湿度（停机时）	18~27℃	不得结露
辅助区温度、相对湿度	18~28℃，35%~75%	
不间断电源系统电池室温度	20~30℃	
主机房空气粒子浓度	应少于17600000粒	每立方米空气中粒径大于或等于0.5μm的悬浮粒子数

数据中心空调系统的设计还应符合GB 50736—2012《民用建筑供暖通风与空气调节设计规范》中工艺性空调的有关规定。当数据中心与其他功能用房共建于同一建筑时，宜设置独立的空调系统。数据中心主机房一般与其他房间分开设置空调系统。

7.6.2 负荷计算

空调负荷计算的目的在于确定空调系统的送风量并作为选择空调设备容量的基本依据。

IT主机房的冷负荷包括计算机设备的得热，围护结构得热、通过外窗进入的太阳辐射热、人体散热；照明装置散热、新风负荷、伴随各种散湿过程产生的潜热。

空调系统湿负荷应包括下列内容：人体散湿；新风湿负荷；渗漏空气湿负荷；围护结构散湿。

7.6.3　气流组织

气流组织的影响因素包括送风口和回风口的位置、形式、大小、数量；送入室内气流的温度和速度；房间的形式和大小，室内工艺设备的布置等。

常见的气流组织的形式见表 7-13。

表 7-13　常见的气流组织的形式

气流组织形式	下送上回 （参见图 7-4）	上送上回（或侧回）	侧送侧回
送风口	1）活动地板风口（可带调节阀） 2）带可调多叶阀的格栅风口 3）其他风口	1）散流器 2）带扩散板风口 3）百叶风口 4）格栅风口 5）其他风口	1）百叶风口 2）格栅风口 3）其他风口
回风口	1）格栅风口　2）百叶风口　3）网板风口　4）其他风口		
送回风温差	8～15℃送风温度应高于室内空气露点温度		

下送上回的气流组织形式即地板下送风方式如图 7-4 所示。

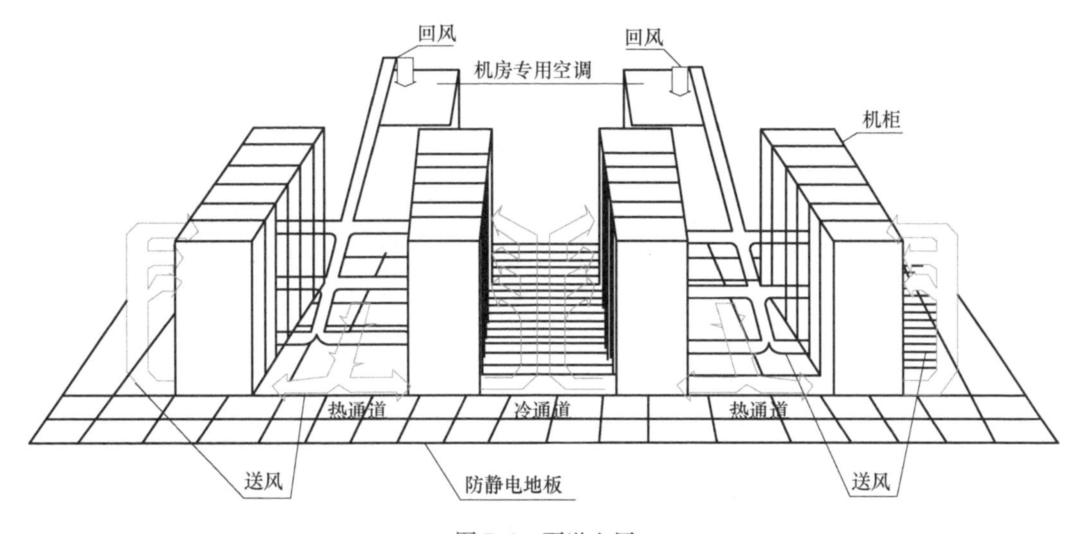

图 7-4　下送上回

常见的送风方式包括下送风方式、风墙送方式和行间制冷送风方式。

下送风方式且冷热通道封闭时，工作人员通常将设备按冷、热通道的方式布置，把设备正面面向冷通道，背面面向热通道，并在冷通道布置地板风口板，此时可将高架地板下的空间视为空调送风用静压箱，吊顶以上空间视为空调回风通道，并将空调室内机设在热通道尽头，这样做便于空调回风，并使得房间内气流组织更加合理顺畅。

风墙侧送送风方式，如图7-5所示，外部空气经过一系列包括筛网、滤网等在内的多种空气处理装置，进行恰当的空气处理，温湿度、洁净度符合要求后，通过风墙进入到设备间，进而实现冷却高温设备的作用。

行间制冷送风方式如图7-6所示。GB 50174—2017的主编解读系列文章中给出了较为详细的说明：行间空调配合机柜封闭冷通道形成微模块，空调送回风口距离机柜更近，与常规送风相比，送风距离更短，风阻更低，可以近距离高效率的解决机柜散热问题，尤其适用于高功率密度机柜的场合。

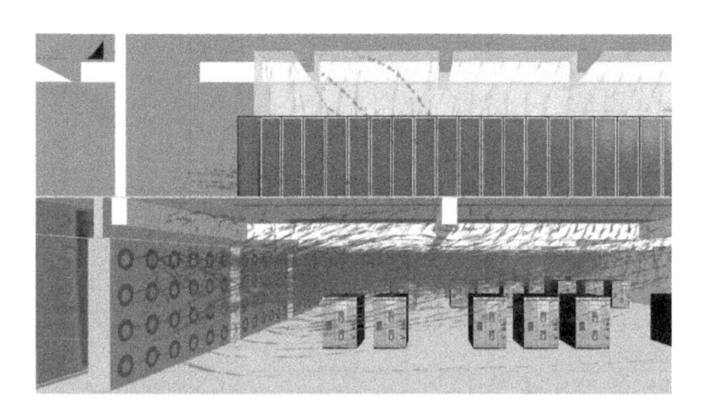

图7-5　风墙侧送送风方式

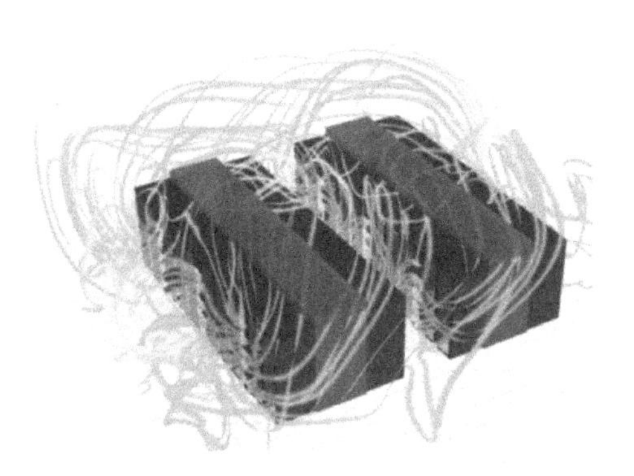

图7-6　行间制冷送风方式

7.6.4　系统设计

以空调为目的而对空气进行处理、输送、分配，并控制其参数的所有设备、管道及附件、仪器仪表的总和，简称空调系统。

数据中心空调系统应满足电子信息设备对运行环境的要求，并兼顾运维管理的需要。数据中心空调系统的设计应按国家相关标准的要求来执行，详细规范目录见表7-14。

表7-14　数据中心空调系统设计相关标准

名　　称	标　准　号
《数据中心设计规范》	GB 50174—2017
《建筑设计防火规范（2018年版）》	GB 50016—2014
《建筑防烟排烟系统技术标准》	GB 51251—2017
《工业建筑供暖通风与空气调节设计规范》	GB 50019—2015
《民用建筑供暖通风与空气调节设计规范》	GB 50736—2012
《公共建筑节能设计标准》	GB 50189—2015
《建筑机电工程抗震设计规范》	GB 50981—2014
《工业企业噪声控制设计规范》	GB/T 50087—2013

（续）

名 称	标 准 号
《工业设备及管道绝热工程设计规范》	GB 50264—2013
《工业企业厂界环境噪声排放标准》	GB 12348—2008
《工业企业设计卫生标准》	GBZ 1—2010
《工作场所有害因素职业接触限值》	GBZ 2—2007

A 级数据中心冷冻水系统图如图 7-7 所示。在水冷冷水机组系统中，由水冷冷水机组产生冷冻水，冷冻水经由二级循环水泵供给末端机房空调，并在机房空调盘管内吸收室内热量，将机房内热量传输到冷水机组的蒸发器的冷媒中，再由冷媒通过压缩机把热量传输到冷凝器的冷却水中，冷却水由冷却水泵传输到室外冷却塔实现向室外空气散热，达到将热量由机房室内传输至室外。风冷冷水机组系统除了冷水机组的散热是由风冷冷凝器向室外空气散热之外，其他跟水冷冷水机组系统相同。

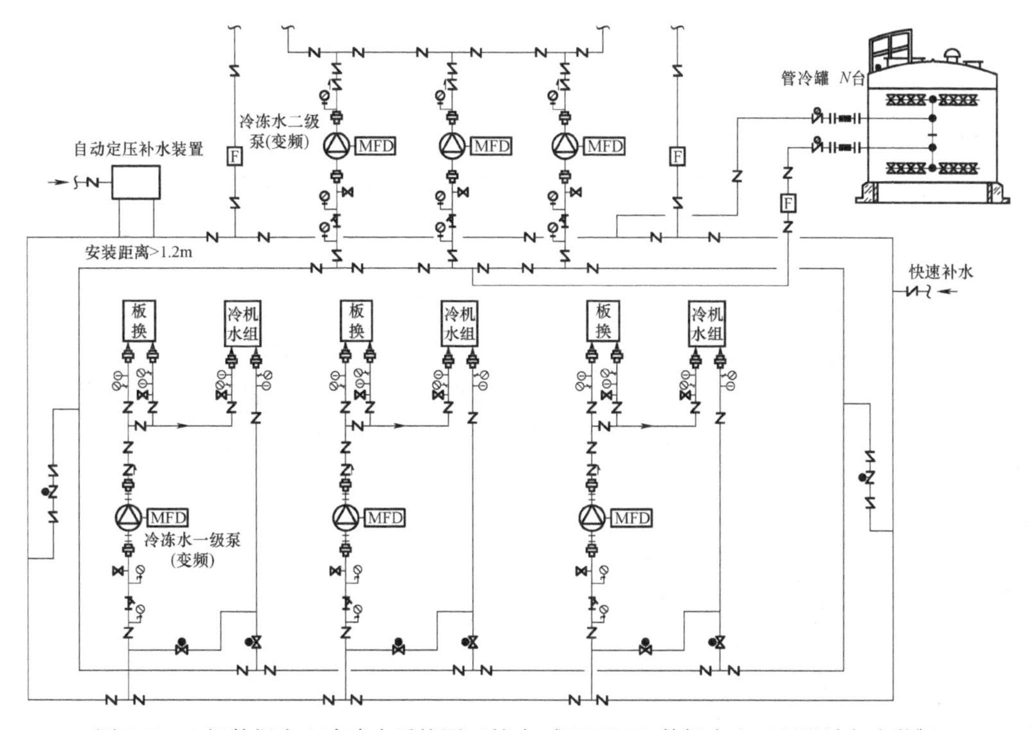

图 7-7 A 级数据中心冷冻水系统图（摘自《18DX009 数据中心工程设计与安装》）

数据中心空调系统的设计时需考虑房间功能和数据中心的等级的影响。A 级和 B 级数据中心内主机房和辅助区应设置空气调节系统，不间断电源系统电池室宜设置空调降温系统，主机房应保持正压，冷热通道需要隔离；C 级数据中心内主机房和辅助区宜设置空气调节系统，不间断电源系统电池室可设置空调降温系统。A 级数据中心采用冷冻水空调系统时宜设置蓄冷设施。

数据中心空调系统设置中设备的重复程度由数据中心的等级决定，以满足数据中心不同等级可靠性的要求。A级机房要求基础设施具备容错能力，即具有两套或两套以上的系统，来保证同一时刻，至少有一套系统在正常工作，基础设施中的空调系统为实现容错功能，制冷设备如冷冻机组、冷冻水泵、冷却水泵、冷却塔、机房专用空调等应具备 $N+X$（$X=1\sim N$）冗余。B级机房要求基础设施具备冗余能力，对系统的一些或全部设备重复配置，当系统发生故障时，重复配置的部件介入并承担故障部件的工作，由此延长系统的平均故障间隔时间，基础设施中的空调系统为实现冗余功能，制冷设备如冷冻机组、冷冻水泵、冷却水泵、冷却塔、机房空调等应具备 $N+1$ 冗余。C级要求基础设施具备冗余能力，满足基本需要。

数据中心空调系统设计除应注意为确保系统的可靠性，根据其等级不同设置配件配置不同重复程度的冗余之外，还应注意合理选用冷热源、输配管网和末端机房专用空调，设置与消防系统联动的自控装置，设置故障排风系统，新风系统可靠匹配，对空气进行净化；设备选型留有适当余量。

数据中心空调系统按输配管网中输配的工作介质，包括空调工作水系统和空调工作风系统两种。

1. 空调工作水系统

空调工作水系统指的是冷冻水系统、冷却水系统加上热水系统的合称。

为了避免单点故障的出现以保障工作水系统的绝对安全，水管路系统通常设计为环形管路系统。

空调工作水系统按水压特征可以分为开式和闭式；按末端用户侧水流量运行调节方法可以分为定流量和变流量，末端设备的水流程分为同程式系统和异程式系统。

空调作水系统还应注意输配管道的选取，包括管道材质、管道坡度和管道管径及附件、阀门、保温层等的选取等。以冷凝水管为例，2009JSCS-4《全国民用建筑工程设计技术措施　暖通空调·动力》JSCS2009（以下简称《技术措施　暖通动力》）中规定：空调冷凝水管道宜采用排水塑料管或热镀锌钢管，并应采取防结露措施。水平干管不应过长，坡度不应小于0.003。冷凝水管的管径应按冷凝水流量和管道坡度，按非满流管道经水力计算确定，民用建筑也可按表7-15估算。

表7-15　冷凝水管径估算表

冷却负荷/kW	≤42	42~230	230~400	400~1100	1100~2000	2000~3500	3500~15000	>15000
管道公称直径/mm	25	32	40	50	80	100	125	150

2. 空调工作风系统

空调工作风系统一般由空气处理设备和空气输送管道以及空气分配装置组成。空调工作风系统按实现功能还可分为空调送风、回风系统（和新风系统一起在下文中简称空调风系统）、新风系统、通风系统。

空调风系统

GB 50736—2012《民用建筑供暖通风与空气调节设计规范》规定符合下列情况之一的空调区，宜分别设置空调风系统；需要合用时，应对标准要求高的空调区做处理。

1）使用时间不同；

2）温湿度基数和允许波动范围不同；

3）空气洁净度标准要求不同；

4）噪声标准要求不同，以及有消声要求和产生噪声的空调区；

5）需要同时供热和供冷的空调区。

主机房内的空调风系统用循环机组宜设置初效过滤器或中效过滤器。

新风系统指的是为满足卫生要求、弥补排风或维持空调房间正压而向空调房间供应经集中处理的室外空气的系统。末级过滤装置宜设置在正压端。

空调系统的新风量应取下列两项中的最大值：

1）按工作人员计算，每人 $40m^3/h$；

2）维持室内正压所需风量。

主机房应维持正压。主机房与其他房间、走廊的压差不宜小于 5Pa，与室外静压差不宜小于 10Pa。

维持正压不需要精确计算时可利用换气次数来确定。换气次数指的是单位时间内室内空气的更换次数，即通风量与房间容积的比值，可通过查阅相关通风空调类手册来获取。

数据中心空调系统设计时需注意空调工作水系统与空调工作风系统的设计，确保空调系统高效、可靠运行，另外应采用节能措施，具体要求如下：

1）空调系统应根据当地气候条件，充分利用自然冷源。

2）大型数据中心宜采用水冷冷水机组空调系统，也可采用风冷冷水机组空调系统。采用水冷冷水机组的空调系统，冬季可利用室外冷却塔作为冷源；采用风冷冷水机组的空调系统，设计时应采用自然冷却技术。空调系统可采用电制冷与自然冷却相结合的方式。在秋冬季节，室外空气温度足够低的时候，为充分利用自然冷源，水冷冷水机组作为空调系统冷源时，可以停止冷水机组工作，采用板式换热器进行工作；风冷冷水机组作为冷源时，则可通过其内部设计的空气 - 冷冻水换热盘管，在室外温度低于回水温度 2℃时，冷却盘管自动打开，利用室外冷风冷却回水。

3）空调系统可采用电制冷与自然冷却相结合的方式。

4）数据中心空调系统设计时，应分别计算自然冷却和余热回收的经济效益，应采用经济效益最大的节能设计方案。

5）空气质量优良地区，可采用全新风空调系统。

6）根据负荷变化情况，空调系统宜采用变频、自动控制等技术进行负荷调节。

空调系统设计时的节能措施可采用自然冷却，以及满足节能要求的。自然冷却即冬天时全靠冷却塔自然换热，冷水机组压缩机不工作。自然冷却时间越长，全年节能效率越高。

空调工作水系统和空调工作风系统及其中的设备应满足 GB 50189—2015《公共建筑节能设计标准》中的规定：在选配空调冷（热）水系统的循环水泵时，应计算空调冷（热）水系统耗电输冷（热）比［EC(H)R-a］，并应标注在施工图的设计说明中。

空调冷（热）水系统耗电输冷（热）比计算应符合下列规定：空调冷（热）水系统耗电输冷（热）比应按下式计算：

$$\mathrm{EC(H)R\text{-}a} = 0.003096\sum(G\times H/\eta_b)Q \leqslant A(B+\alpha\sum L)/\Delta T \tag{7-2}$$

式中 EC(H)R-a——空调冷（热）水系统循环水泵的耗电输冷（热）比；

G——每台运行水泵的设计流量（m^3/h）；

H——每台运行水泵对应的设计扬程（mH_2O）；

η_b——每台运行水泵对应的设计工作点效率；

Q——设计冷（热）负荷（kW）；

ΔT——规定的计算供回水温差（℃），按表 7-16 选取；

A——与水泵流量有关的计算系数，按表 7-17 选取；

B——与机房及用户的水阻力有关的计算系数，按表 7-18 选取；

α——与 $\sum L$ 有关的计算系数，按表 7-19 或表 7-20 选取；

$\sum L$——从冷热机房出口至该系统最远用户供回水管道的总输送长度（m）。

表 7-16 ΔT 值（℃）

冷水系统	热水系统			
	严寒	寒冷	夏热冬冷	夏热冬暖
5	15	15	10	5

表 7-17 A 值

设计水泵流量 G	$G\leqslant 60m^3/h$	$60m^3/h\leqslant G\leqslant 200m^3/h$	$G>200m^3/h$
A 值	0.004225	0.003858	0.003749

表 7-18 B 值

系统组成		四管制单冷、单热管道 B 值	两管制热水管道 B 值
一级泵	冷水系统	28	—
	热水系统	22	21
二级泵	冷水系统	33	—
	热水系统	27	25

表 7-19　四管制冷、热水管道系统的 α 值

系统	管道长度 $\sum L$ 范围/m		
	$\sum L \leqslant 400$	$400 < \sum L < 1000$	$\sum L \geqslant 1000$
冷水	$\alpha = 0.02$	$\alpha = 0.16 + 1.6/\sum L$	$\alpha = 0.013 + 4.6/\sum L$
热水	$\alpha = 0.14$	$\alpha = 0.0125 + 0.6/\sum L$	$\alpha = 0.009 + 4.1/\sum L$

表 7-20　两管制热水管道系统的 α 值

系　统		管道长度 $\sum L$ 范围/m		
		$\sum L \leqslant 400$	$400 < \sum L < 1000$	$\sum L \geqslant 1000$
热水	严寒	$\alpha = 0.009$	$\alpha = 0.0072 + 0.72/\sum L$	$\alpha = 0.0059 + 2.02/\sum L$
	寒冷			
	夏热冬冷	$\alpha = 0.0024$	$\alpha = 0.002 + 0.16/\sum L$	$\alpha = 0.0016 + 0.56/\sum L$
	夏热冬暖	$\alpha = 0.0032$	$\alpha = 0.0026 + 0.24/\sum L$	$\alpha = 0.0016 + 0.74/\sum L$
冷　水		$\alpha = 0.02$	$\alpha = 0.016 + 1.6/\sum L$	$\alpha = 0.013 + 4.6/\sum L$

空调风系统和通风系统的风量大于 10000m^3/h 时，风道系统单位风量耗功率 W_S 不宜大于表 7-21 的数值。风道系统单位风量耗功率 W_S 应按下式计算：

$$W_S = P/(3600 \times \eta_{CD} \times \eta_F) \tag{7-3}$$

式中　W_S——风道系统单位风量耗功率 [W/(m^3/h)]；

P——空调机组的余压或通风系统风机的风压（Pa）；

η_{CD}——电机及传动效率（%），η_{CD}取 0.855；

η_F——风机效率（%），按设计图中标注的效率选择。

表 7-21　风道系统单位风量耗功率 W_S[W/(m^3/h)]

系统形式	W_S限值
机械通风系统	0.27
新风系统	0.24
办公建筑定风量系统	0.27
办公建筑变风量系统	0.29
商业、酒店建筑全空气系统	0.30

【例 7-1】　某公共建筑采用全空气变风量空调系统，空气处理机组的风量为 25000m^3/h、机外余压为 560Pa，风机效率为 0.65，该系统的单位风量耗功率为多少？并判断能否满足节

能标准的要求。

【解】 查表7-20可知，风道系统单位风量耗功率中相关计算参数 W_S 限值为0.29

$W_S = P/(3600 \times \eta_{CD} \times \eta_F) = 560/(3600 \times 0.855 \times 0.65) = 0.28 < 0.29$，因此满足节能标准的要求。

7.6.5 设备选择

空调设备为直接或间接起到调节空气参数作用的设备。某空调系统示意图如图7-8以及图7-9所示，空调设备包括冷却塔、循环水泵、冷水机组、板式换热器、末端空调、膨胀水箱、蓄冷罐、风机等。空调设备的选用符合运行可靠、经济适用、节能和环保的要求。空调系统和设备应根据数据中心的等级、气候条件、建筑条件、设备的发热量等进行选择。

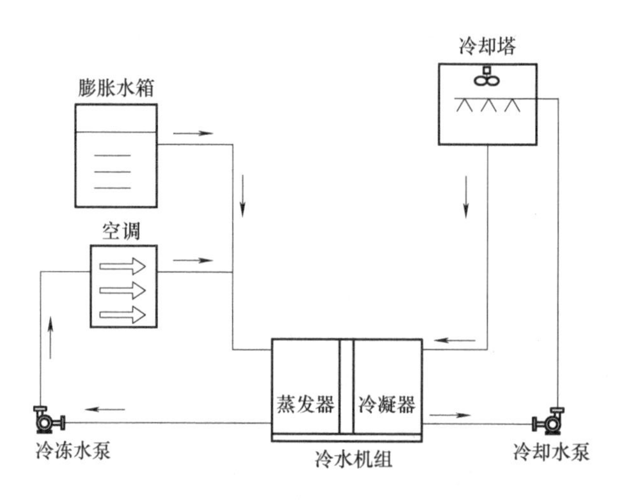

图7-8 某空调系统示意图

空调系统无备份设备时，单台空调制冷设备的制冷能力应留有15%～20%的余量。机房专用空调、行间制冷空调宜采用出风温度控制。空调机应带有通信接口，通信协议应满足数据中心监控系统的要求，监控的主要参数应接入数据中心监控系统，并应记录、显示和报警。主机房内的湿度可由机房专用空调、行间制冷空调进行控制，也可由其他加湿器进行调节。空调设备的空气过滤器和加湿器应便于清洗和更换，设计时应为空调设备预留维修空间。

GB 50462—2015《数据中心基础设施施工及验收规范》中对于空调设备安装作出如下要求：

1）空调设备安装前，应根据设计要求，完成空调设备基座的制作与安装；

2）空调设备安装时，在机组于基座之间应采取隔振措施，且应固定牢靠；

3）空调设备的安装位置应符合设计要求，还应满足冷却风循环空间要求；

4）分体式空调机，连接室内机组与室外机组的气管和液管，应按设备技术要求进行安

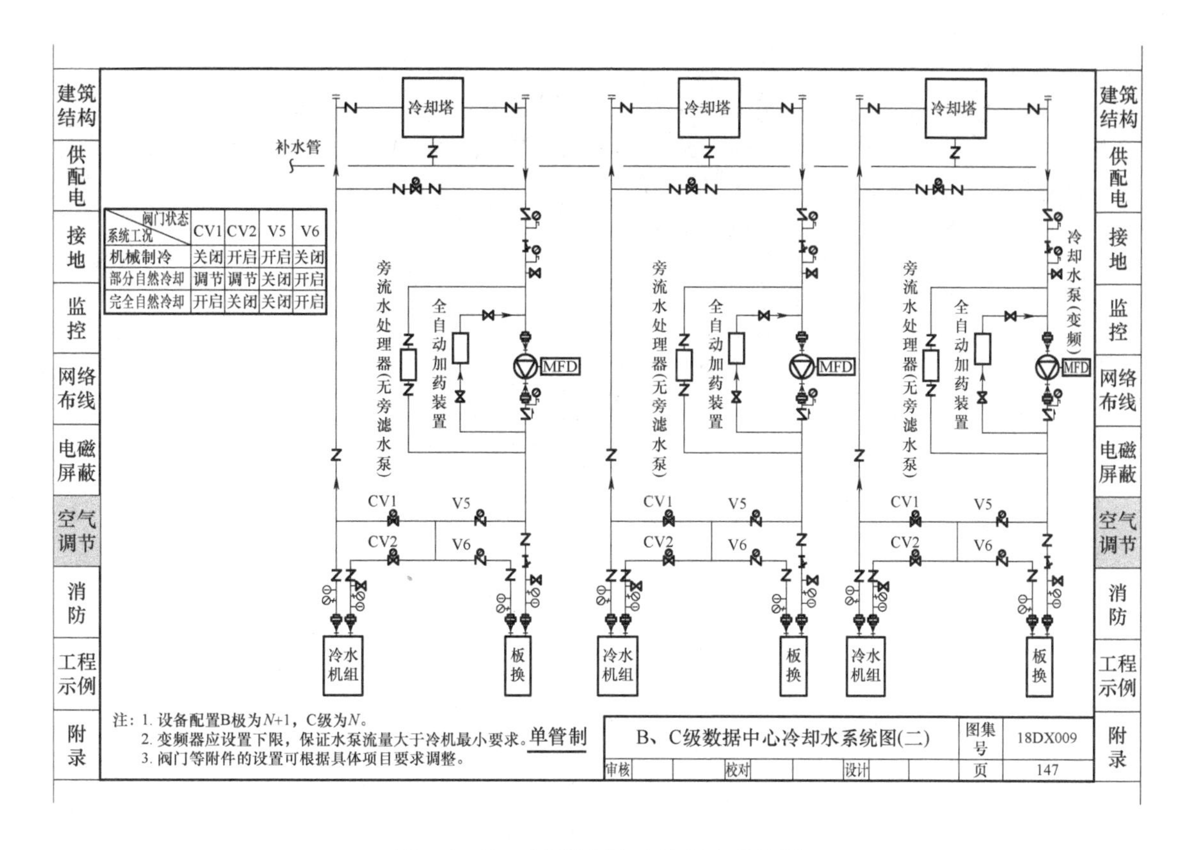

图 7-9　B、C 级数据中心冷却水系统图

装。气管与液管为硬紫铜管时，应按设计位置安装存油弯和防震管；

5）专用空调机组安装应符合下列规定：

a）采用下送风时，送风口与底座、地板或隔墙接缝处应采取密封措施；

b）与冷却水管道连接处，应采取防漏和防结露措施；

6）组合式空调机组，设备与风管的连接处宜采用柔性连接，并采取加固与保温措施。

空调设备的选用应符合运行可靠、经济适用、节能和环保的要求。

1. 冷却塔

GB/T 7190.1—2018《机械通风冷却塔　第 1 部分：中小型开式冷却塔》中给出了冷却塔的示意图（如图 7-10 ~ 图 7-12 所示）以及冷却塔的热力性能、噪声、耗电比、飘水率等。

GB/T 7190.1—2018 中，冷却塔热力性能对于标准设计工况给出了规定，见表 7-22；冷却塔对于冷却能力做出如下规定：按水温降对比法求出的实测冷却能力与设计冷却能力的百分比 η 不小于 95.0%。

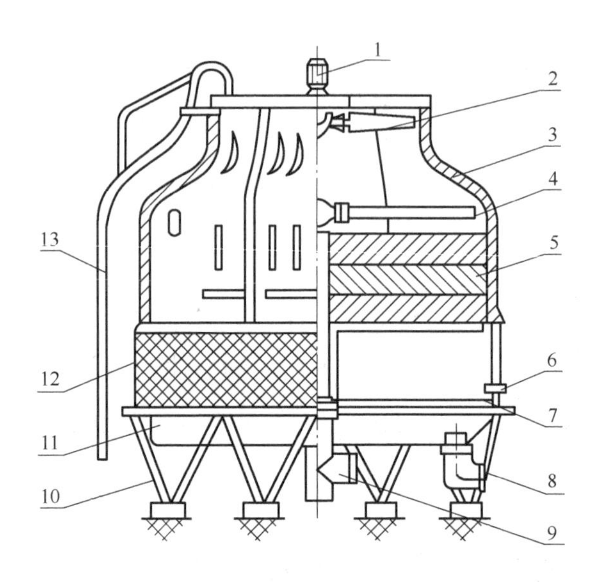

图 7-10　逆流式圆形冷却塔示意图

1—电动机和减速器　2—叶片　3—上塔体　4—布水器　5—填料　6—补给水管　7—滤水网　8—出水管　9—进水管　10—支架　11—下塔体　12—进风窗　13—梯子

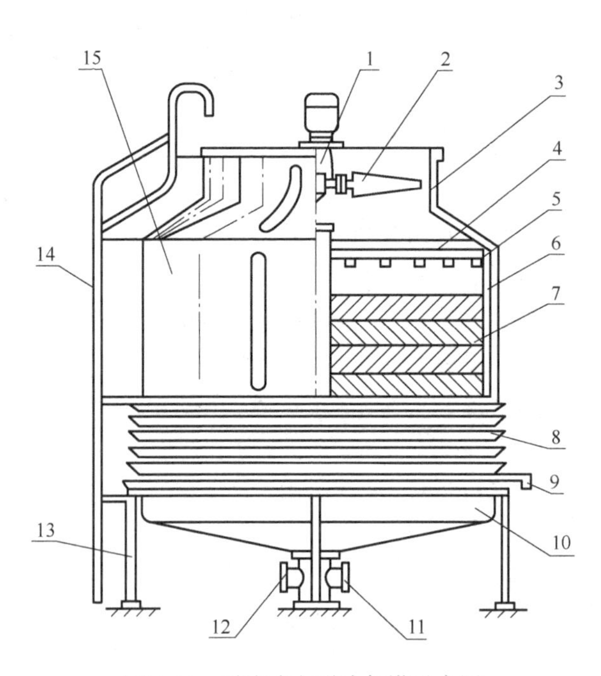

图 7-11　逆流式方形冷却塔示意图

1—电动机和减速器　2—叶片　3—上塔体　4—除水器　5—布水器　6—铝架　7—填料　8—进风窗　9—补给水管　10—下塔体　11—进水管　12—出水管　13—支架　14—梯子　15—中塔体

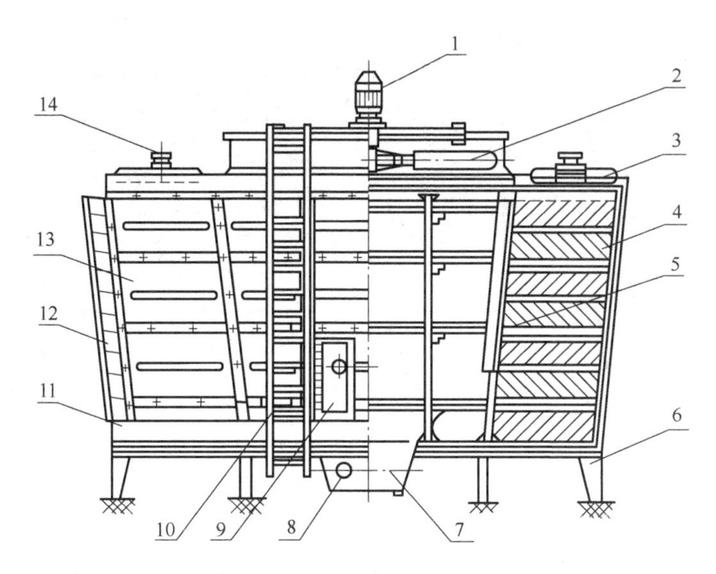

图 7-12　横流式冷却塔示意图

1—电动机和减速器　2—叶片　3—配水槽　4—填料　5—除水器　6—支架　7—集水箱　8—出水管
9—门　10—梯子　11—下塔体　12—进风窗　13—围护结构　14—进水管

表 7-22　标准设计工况

标准设计	塔型			
	P 型	D 型	C 型	G 型
进水温度/℃	37.0	37.0	37.0	43.0
出水温度/℃	32.0	32.0	32.0	33.0
设计温度/℃	5.0	5.0	5.0	10.0
湿球温度/℃	28.0	28.0	28.0	28.0
干球温度/℃	31.5	31.5	31.5	31.5
大气压力/kPa	98.4			

注：对其他设计工况的产品，必须换算到标准设计工况，并在样本或产品说明书中，按标准设计工况标记冷却水流量。

冷却塔噪声规定：噪声指标不超过表 7-23 的规定值。

表 7-23　冷却塔的噪声指标

名义冷却水流量/(m^3/h)	噪声指标/dB（A）			
	P 型	D 型	C 型	G 型
8	66.0	60.0	55.0	70.0
15	67.0	60.0	55.0	70.0
30	68.0	60.0	55.0	70.0
50	68.0	60.0	55.0	70.0

（续）

名义冷却水流量/(m^3/h)	噪声指标/dB（A）			
	P 型	D 型	C 型	G 型
75	68.0	62.0	57.0	70.0
100	68.0	63.0	58.0	75.0
150	70.0	63.0	58.0	75.0
200	71.0	65.0	60.0	75.0
300	72.0	66.0	61.0	75.0
400	72.0	66.0	62.0	75.0
500	73.0	68.0	62.0	78.0
700	73.0	68.0	64.0	78.0
800	74.0	70.0	67.0	78.0
900	75.0	71.0	68.0	78.0
1000	75.0	71.0	68.0	78.0

注：1. 介于两流量间时，噪声指标按线性插值法确定。
2. 对噪声指标有特殊要求时，由供需双方商定。

实测耗电比的要求：在电动机的实际工作电流不大于其额定电流的条件下，G 型塔不大于 0.05kW/(m^3/h)；其他型塔不大于 0.035kW/(m^3/h)。冷却塔的飘水率，即单位时间内从出风筒飘出的水量（kg/h）与进塔冷却水流量（kg/h）之比，不大于名义工况下冷却水流量的 0.015%。

对应地，GB/T 7190.2—2018《机械通风冷却塔　第 2 部分：大型开式冷却塔》中规定：

1）标准设计工况为进塔空气干球温度 $\theta=31.5$℃；湿球温度 $\tau=28.0$℃；大气压力 $P=8.94\times10^4$Pa；进水温度 $t_1=43.0$℃，出水温度 $t_1=33.0$℃；

2）热力性能要求 η 均为不得小于 95.0%；

3）实测耗电比不大于 0.045kW/(m^3/h)；

4）飘水率不大于 0.005%；

5）噪声规定值不应超过表 7-24 的规定。

表 7-24　噪声规定值

型　　式	名义冷却流量 Q/(m^3/h)	标准店噪声值/dB（A）
逆流式	$1000\leq Q<2000$	78.0
	$2000\leq Q<3000$	78.0
	$3000\leq Q$	80.0
横流式	$1000\leq Q<2000$	74.0
	$2000\leq Q<3000$	75.0
	$3000\leq Q$	76.0

GB 50015—2003《建筑给水排水设计规范（2009 年版）》中给出了冷却塔位置、成品冷却塔的选择的规定：冷却塔设计计算所选用的空气干球温度和湿球温度，应与所服务的空调等系统的设计空气干球温度和湿球温度相吻合，应采用历年平均不保证 50h 的干球温度和湿球温度。当可能有冻结危险时，冬季运行的冷却塔应采取防冻措施。

冷却塔位置的选择应根据下列因素综合确定：

1）气流应通畅，湿热空气回流影响小，且应布置在建筑物的最小频率风向的上风侧；

2）冷却塔不应布置在热源、废气和烟气排放口附近，不宜布置在高大建筑物中间的狭长地带上；

3）冷却塔与相邻建筑物之间的距离，除满足塔的通风要求外，还应考虑噪声、飘水等对建筑物的影响。

选用成品冷却塔时，应符合下列要求：

1）按生产厂家提供的热力特性曲线选定，设计循环水量不宜超过冷却塔的额定水量；当循环水量达不到额定水量的 80% 时，应对冷却塔的配水系统进行校核；

2）冷却塔应冷效高、能源省、噪声低、重量轻、体积小、寿命长、安装维护简单、飘水少；

3）材料应为阻燃型，并应符合防火要求；

4）数量宜与冷却水用水设备的数量、控制运行相匹配；

5）塔的形状应按建筑要求，占地面积及设置地点确定；

6）当冷却塔的布置不能满足冷却塔位置选择的规定时，应采取相应的技术措施，并对塔的热力性能进行校核。

冷却塔集水池的设计，应符合下列要求：

1）集水池容积应按下列第①项、第②项因素的水量之和确定，并应满足第 3）项的要求：

① 布水装置和淋水填料的附着水量，宜按循环水量的 1.2% ~1.5% 确定；

② 停泵时因重力流入的管道水容量；

③ 水泵吸水口所需最小淹没深度应根据吸水管内流速确定，当流速小于等于 0.6m/s 时，最小淹没深度不应小于 0.3m；当流速为 1.2m/s 时，最小淹没深度不应小于 0.6m。

2）当选用成品冷却塔时，应按第 1）条的规定，对其集水盘的容积进行核算，当不满足要求时，应加大集水盘深度或另设集水池；

3）不设集水池的多台冷却塔并联使用时，各塔的集水盘宜设连通管；当无法设置连通管时，回水横干管的管径应放大一级；连通管、回水管与各塔出水管的连接应为管顶平接；塔的出水口应采取防止空气吸入的措施；

4）每台（组）冷却塔应分别设置补充水管、泄水管、排污及溢流管；补水方式宜采用浮球阀或补充水箱。

当多台冷却塔共用集水池时，可设置一套补充水管、泄水管、排污及溢流管。冷却塔补充水总管上应设置水表等计量装置。

冷却塔补充水量可按下式计算：

$$q_{bc} = q_z \frac{N_n}{N_n - 1} \tag{7-4}$$

式中　q_{bc}——补充水水量（m^3/h）；

q_z——蒸发损失水量（m^3/h）；

N_n——浓缩倍数，设计浓缩倍数不宜小于3.0。

对于建筑物空调、冷冻设备的补充水量，应按冷却水循环水量的1%～2%确定。旁流处理水量可根据去除悬浮物或溶解固体分别计算。当采用过滤处理去除悬浮物时，过滤水量宜为冷却水循环水量的1%～5%。

2. 离心泵

离心泵根据泵轴的方向不同，可分为立式和卧式、斜式等。立式泵还包括共座式和分座式。根据吸入方式的不同，还可分为单吸泵和双吸泵，单吸泵如图7-13所示，双吸泵如图7-14所示。按照级数还可分为单级和多级。

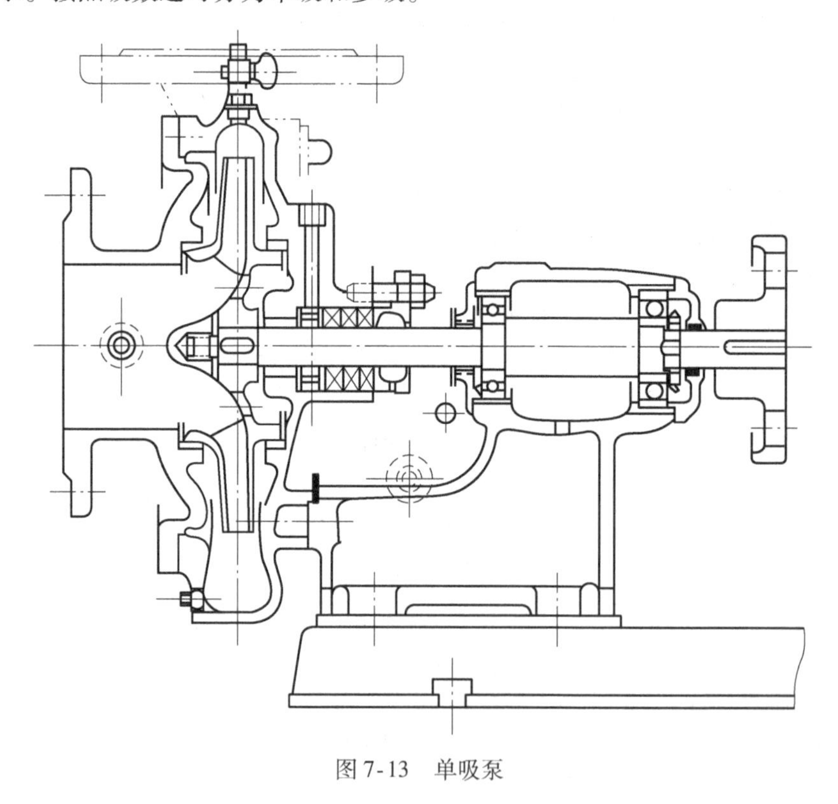

图7-13　单吸泵

冷冻水系统常用的循环水泵有卧式离心泵和立式离心泵，如图7-15和图7-16所示。可根据循环水泵的布置位置、地形情况、水位情况、运转情况，来确定选择卧式、立式以及其他等型式。

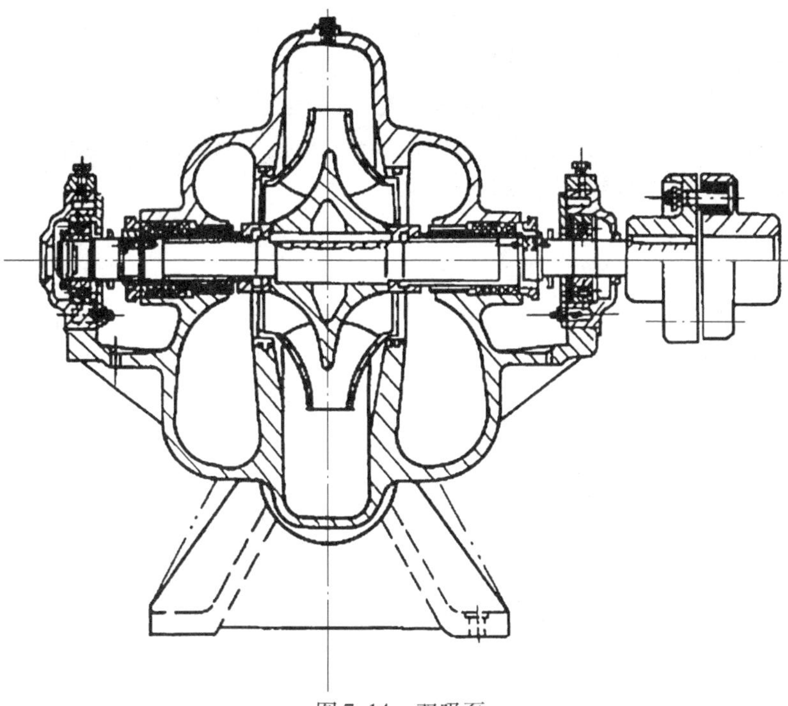

图 7-14　双吸泵

图 7-15　卧式离心泵

图 7-16　立式离心泵

一般情况下，冷冻水泵和冷却水泵的台数应和制冷主机一一对应，并考虑一台备用。补水泵一般按照一用一备的原则选取，以保证系统可靠的补水。

二次泵系统为闭式时，其一级泵的扬程应按冷源侧的管路和管件阻力、自控阀及过滤器阻力、冷水机组蒸发器阻力之和计算。二级泵的扬程应按负荷侧的管路和管件、自控阀与过滤器阻力、末端设备的换热器阻力之和计算。

《技术措施　暖通动力》中指出：

1）空调水系统的阻力计算可按照式（7-5）计算：

$$H_j = 105 C_h^{-1.85} d_j^{-4.87} q_s^{1.85} \tag{7-5}$$

式中　H_j——计算管段的比摩阻（kPa/m）；

d_j——管道计算内径（m）；

q_s——设计秒流量（m^3/s）；

C_h——海澄-威廉系数，钢管闭式系统取120，开式系统取100。

2）比摩阻宜控制在100～300Pa/m，不应大于400Pa/m；且空调房间内空调水管流速不宜超过表7-25的限值。

表7-25　空调房间内空调水管流速限值

管径 DN/mm	20	25	32	40	50	70	80	100
最大流速/(m/s)	0.8	0.8	1.0	1.0	1.2	1.5	1.5	2.0

3）系统局部阻力可按下列要求计算。

阀门（包括电动阀）阻力超过产品的流通能力和流量按式（7-6）计算确定：

$$\Delta P_v = \left(\frac{316 G_S}{K_v}\right)^2 \tag{7-6}$$

式中　ΔP_v——阀门的阻力（Pa）；

G_S——通过阀门的设计水量（m^3/h）；

K_v——阀门的流通能力，应根据产品提供的数据而定。

4）各种设备（包括空调末端设备、过滤设备等）阻力应根据产品提供的数据确定。

清水离心泵能效限定值及节能评价值的计算详见《清水离心泵能效限定值及节能评价值》GB 19762—2007 中的规定。

建筑空调系统的循环冷却水系统应有过滤、缓蚀、阻垢、杀菌、灭藻等水处理措施。数据中心空调系统中，冷冻水泵即循环水泵和冷却水泵的选取要求如下。

1）循环水泵。

①《技术措施　暖通动力》中对于循环水泵流量的计算见式（7-7）：

$$G = K \frac{Q}{\Delta t \times 1.163} \tag{7-7}$$

式中　G——水泵流量（m^3/h）；

Q——制冷主机制冷量（kW）；

K——水泵流量附加系数，一般取1.05～1.1；

Δt——供回水温差（℃）。

循环水泵的扬程：

a）一次泵系统：闭式循环系统应按管路和管件阻力、自控阀及过滤器阻力、冷水机组的蒸发器（或换热器）阻力、末端设备的换热器阻力之和计算。

b）二次泵系统：闭式循环系统一级泵扬程应按冷源侧的管路和管件阻力、自控阀及过滤器阻力、冷水机组的蒸发器阻力之和计算。

闭式循环二级泵扬程应按负荷侧的管路、管件阻力、自控阀与过滤器阻力、末端设备的换热器阻力之和计算。

循环水泵的选型，应符合下列要求：

ⓐ 空调水系统宜选用低比转数的单级离心泵；

ⓑ 选型及订货应明确提出水泵的承压要求。

② 冷冻水补水量一般按冷冻水循环水量的5%计算。

2）冷却水泵

①《技术措施　暖通动力》中指出冷却水泵的选用和设置应符合下列要求：

a）集中设置的冷水机组的冷却水泵的流量和台数应与冷水机组相对应。

b）冷却水泵的扬程应为以下各项的总和：

ⓐ 冷却塔集水盘水位至布水器的高差；

ⓑ 冷却塔布水管处所需自由水头；

ⓒ 冷凝器等换热设备阻力；

ⓓ 吸入管道和压出管道阻力（包括控制阀、除污器等局部阻力）；

ⓔ 附加以上各项总和的5%～10%。

c）冷水机组和冷却水泵之间的位置和连接应符合下列要求：

ⓐ 冷却水泵应自灌吸水，冷却塔集水盘或冷却水箱最低水位与冷却水泵吸水口的高差应大于管道、管件（包括过滤器）、设备的阻力；

ⓑ 冷却水泵宜设置在冷水机组冷凝器的进水口侧（水泵压入式）；当冷却水泵设置在冷水机组冷凝器的进水口侧，使冷水机组冷凝器进水口侧承受的压力大于所选冷水机组冷凝器的承压能力，但冷却水系统的静水压力不超过冷凝器的允许工作压力，且管件、管路等能够承受系统压力时，冷却水泵可设置在冷凝器的出水口侧（水泵抽吸式）。

② 冷却水补水量设计时一般按冷却水循环水量的1.5%计算，计算方法见式（7-8）：

$$L = G \cdot 1.5\% \tag{7-8}$$

式中　L——冷却水补水量（m^3/h）；

G——冷却水循环水量（m^3/h）。

《技术措施　暖通动力》中指出水冷式冷水机组的冷却水必须循环使用，冷水机组的冷却水进口温度不宜高于33℃，冷却水进口的最低温度应按冷水机组的要求确定，电动压缩式冷水机组宜取5℃。

3. 冷水机组

冷水机组是指在某种动力驱动下，通过热力学逆循环连续地产生冷水的制冷设备，如图 7-17 所示。

图 7-17　冷水机组

冷水机组按制冷原理不同，可分为压缩式和吸收式两类。压缩式冷水机组根据压缩机类型不同，可分为往复活塞式、离心式、螺杆式等；按制冷运行放热侧热交换方式分类：水冷式（水热源），风冷式（空气热源）、蒸发冷却式等。

冷水机组选择时的考虑因素：建筑物的用途，各类冷水机组的性能和特征，当地水源、电源和热源，建筑物全年空调冷负荷的分布规律，初投资和运行费用以及对氟利昂类制冷剂限用期限及使用替代制冷剂的可能性。

GB 50736—2012《民用建筑供暖通风与空气调节设计规范》中规定：选择水冷电动压缩式冷水机组类型时，宜按表 7-26 中的制冷量范围，经性能价格综合比较后确定。

表 7-26　水冷式冷水机组选型范围

单机名义工况制冷量/kW	冷水机组类型
≤116	涡旋式
116 ~ 1054	螺杆式
1054 ~ 1758	螺杆式
	离心式
≥1758	离心式

《技术措施　暖通动力》中对于机组选取做出如下要求：

1）冷水（热泵）机组的单台容量及台数的选择，应能适应空调负荷全年变化规律，满足季节及部分负荷要求。当空调冷负荷大于 528kW 时，机组的数量不少于 2 台。

2）冷水机组的台数宜为 2 ~ 4 台，一般不必考虑备用。小型工程只需一台机组时，应采用多机头机型。

3）选择冷水机组时，不仅应保证其供冷量满足实际运行工况条件下的要求，运行时的噪声与振动符合有关标准的规定外，还必须考虑和满足下列各项性能要求：

① 热力学性能：运行效率高、能耗少（主要体现为性能系数（Coefficient of Performance，COP）值的大小）；

② 安全性：要求毒性小，不易燃、密闭性好、运行压力低；

③ 经济性：具有较高的性能价格比；

④ 环境友善性：具有消耗臭氧层潜值（Ozone Depletion Potential，ODP）低、全球变暖潜值（Global Warming Potential，GWP）小，大气寿命短等特性。

《公共建筑节能设计标准》GB 50189—2015 中做出要求如下：

1）电动压缩式冷水机组的总装机容量，应按“甲类公共建筑的施工图设计阶段，必须进行热负荷计算和逐项逐时的冷负荷计算”的规定计算得空调冷负荷值直接选定，不得另作附加。在设计条件下，当机组的规格不符合计算冷负荷的要求时，所选择机组的总装机容量与计算冷负荷的比值不得大于 1.1。

2）采用分布式能源站作为冷热源时，宜采用由自身发电驱动、以热电联产产生的废热为低位热源的热泵系统。

3）采用电动机驱动的蒸气压缩循环冷水（热泵）机组时，其在名义制冷工况和规定条件下的性能系数（COP）应符合下列规定：

① 水冷定频机组或风冷或蒸发冷却机组的 COP 不应低于表 7-27 的数值；

② 水冷变频离心机组的 COP 不应低于表 7-27 中数值的 0.93 倍；

③ 水冷变频螺杆式机组的 COP 不应低于表 7-27 中数值的 0.95 倍。

表 7-27　名义制冷工况和规定条件下冷水（热泵）机组的制冷 COP

类型		名义制冷量（CC）/kW	COP/（W/W）					
			严寒 A、B 区	严寒 C 区	温和地区	寒冷地区	夏热冬冷地区	夏热冬暖地区
水冷	活塞式/涡旋式	CC≤528	4.10	4.10	4.10	4.10	4.20	4.40
	螺杆式	CC≤528	4.60	4.70	4.70	4.70	4.80	4.90
		528＜CC≤1163	5.00	5.00	5.00	5.10	5.20	5.30
		CC＞1163	5.20	5.30	5.40	5.50	5.60	5.60
	离心式	CC≤1163	5.00	5.00	5.10	5.20	5.30	5.40
		1163＜CC≤2110	5.30	5.40	5.40	5.50	5.60	5.70
		CC＞2110	5.70	5.70	5.70	5.80	5.90	5.90
风冷或蒸发冷却	活塞式/涡旋式	CC≤50	2.60	2.60	2.60	2.60	2.70	2.80
		CC＞50	2.80	2.80	2.80	2.80	2.90	2.90
	螺杆式	CC≤50	2.70	2.70	2.70	2.80	2.90	2.90
		CC＞50	2.90	2.90	2.90	3.00	3.00	3.00

4）电动机驱动的蒸气压缩循环冷水（热泵）机组的综合部分负荷性能系数（IPLV）应符合表7-28规定限值。

表7-28　冷水（热泵）机组综合部分负荷性能系数（IPLV）

类型		名义制冷量（CC）/kW	COP/（W/W）					
			严寒A、B区	严寒C区	温和地区	寒冷地区	夏热冬冷地区	夏热冬暖地区
水冷	活塞式/涡旋式	CC≤528	4.90	4.90	4.90	4.90	5.05	5.25
	螺杆式	CC≤528	5.35	5.45	5.45	5.45	5.55	5.65
		528 < CC≤1163	5.75	5.75	5.75	5.85	5.90	6.00
		CC >1163	5.85	5.95	6.10	6.20	6.30	6.30
水冷	离心式	CC≤1163	5.15	5.15	5.25	5.35	5.45	5.55
		1163 < CC≤2110	5.40	5.50	5.55	5.60	5.75	5.85
		CC >2110	5.95	5.95	5.95	6.10	6.20	6.20
风冷或蒸发冷却	活塞式/涡旋式	CC≤50	3.10	3.10	3.10	3.10	3.20	3.20
		CC >50	3.35	3.35	3.35	3.35	3.40	3.45
	螺杆式	CC≤50	2.90	2.90	2.90	3.00	3.10	3.10
		CC >50	3.10	3.10	3.10	3.20	3.20	3.20

DB 11/687—2015《公共建筑节能设计标准》中对于电动机驱动的蒸气压缩循环冷水（热泵）机组应符合表7-29规定。

表7-29　名义制冷工况和规定条件下冷水（热泵）机组的制冷COP

类型		名义制冷量/kW	制冷COP/（W/W）
水冷	涡旋式	<528	4.10
	螺杆式	<528	4.90
		528～1163	5.30
		>1163	5.60
	离心式	<1163	5.40
		1163～2110	5.70
		>2110	5.90
风冷或蒸发冷却	涡旋式	≤50	2.60
		>50	2.80
	螺杆式	≤50	2.80
		>50	3.00

可见，通过与GB 50189—2015《公共建筑节能设计标准》相比，DB 11/687—2015中对于设备性能要求有所提高。

GB 19577—2015《冷水机组能效限定值及能效等级》中给出了各种冷水机组的COP、综合部分负荷性能系数（Intergrated Part Load Value，IPLV）的测试值和标注值应不小于表7-30中能效等级所对应的指标规定值。

表7-30　冷水机组的能效等级指标

类　型	确定制冷量（CC）/kW	能效等级					
		1		2		3	
		COP /（W/W）	IPLV /（W/W）	COP /（W/W）	IPLV /（W/W）	COP /（W/W）	IPLV /（W/W）
风冷式或蒸发冷却式	CC≤50	3.20	3.80	3.00	3.60	2.50	2.80
	CC>50	3.40	4.00	3.20	3.70	2.70	2.90
水冷式	CC≤528	5.60	7.20	5.30	6.30	4.20	5.00
	528<CC≤1163	6.00	7.50	5.60	7.00	4.70	5.50
	CC>1163	6.30	8.10	5.80	7.60	5.20	5.90

4. 板式换热器

行业标准 NB/T 47004.1—2017《板式热交换器 第1部分：可拆卸板式热交换器》中给出板式换热器的结构示意图如图7-18所示。依据产品结构分类可包括：按照板片之间的连接方式，板式换热器可分为可拆卸板式换热器和焊接板式换热器等。

数据中心自由冷却的水系统中常用的板式换热器如图7-19所示。

影响板式换热器选取的主要因素：设计压力、设计温度、总传热系数 K 或传热单元数 NTU、压力降 ΔP，适用的换热流体性质，可检查性和可维修性。

板式换热器两侧介质传热量计算公式为式（7-9），即一次流量乘以一次温差 = 二次流量乘以二次温差。

$$q_1(T_1 - T_2) = q_1(t_1 - t_2) \tag{7-9}$$

换热器的总换热量应在系统设计热负荷的基础上乘以附加系数，在空调制冷时附加系数为1.05~1.1。换热器的选择计算步骤：确定板式换热器两侧介质即冷冻水和冷却水的体积流量和对数传热温差；确定板式换热器的传热面积和板片数；确定组成板式换热器内介质即冷冻水和冷却水的流道数；计算实际传热系数，然后校核换热量及阻力损失。图集14R105《换热器选用与安装》中给出了详细的步骤如下：

1）计算冷冻水体积流量计算公式（7-10）：

$$V_C = 3.6\frac{Q}{C(t_2 - t_1)\rho} \tag{7-10}$$

式中　V_C——冷冻水设计流量（m^3/h）；

Q——单台换热器换热量（kW）；

t_2，t_1——冷冻水进出水温度（℃）；

C——水的比热容［kJ/(kg·℃)］；

ρ——进出水平均温度时的密度（kg/m^3）。

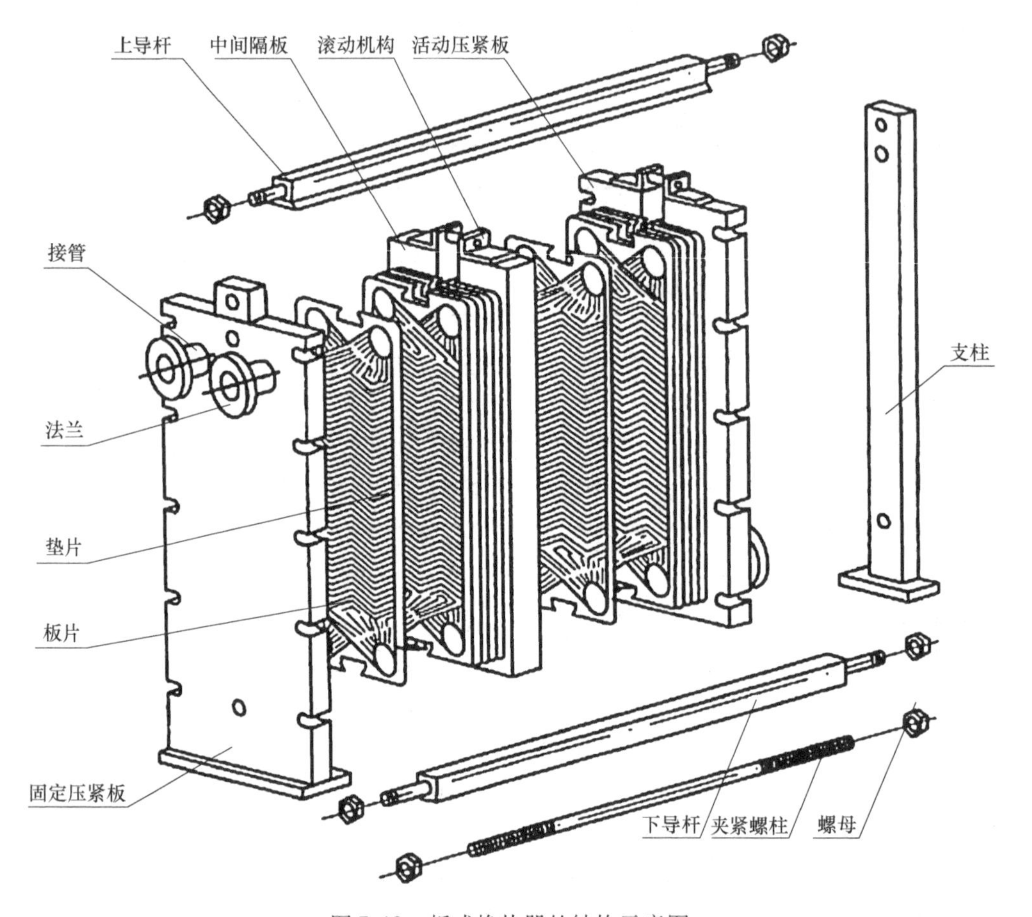

图 7-18　板式换热器的结构示意图

图 7-19　板式换热器

2）计算冷却水体积流量计算公式，见式（7-11）。

$$V_h = 3.6\frac{Q}{C(T_2 - T_1)\rho} \tag{7-11}$$

式中　V_h——冷却水设计流量（m^3/h）

T_2，T_1——冷冻水进出水温度（℃）。

3）计算平均温差计算公式，见式（7-12）：

$$\Delta t = \frac{(T_1 - t_2) - (T_2 - t_1)}{\ln\frac{(T_1 - t_2)}{(T_2 - t_1)}} \tag{7-12}$$

式中　Δt——平均温差

4）计算传热面积计算公式，见式（7-13）：

$$F = \frac{Q \times 1000}{K \times \Delta t \times \beta} \tag{7-13}$$

式中　K——传热系数［W/(m²·℃)］；

F——传热面积（m²）；

β——污垢系数，当已知污垢热阻，并计入传热系数时取 1，当没有可适用的数据时取 0.9。

5）计算换热器的板片数计算公式，见式（7-14）

$$N = \frac{F}{\alpha_0} \tag{7-14}$$

6）计算冷热介质的流道数计算公式，见式（7-15）和式（7-16）

$$n_c = \frac{N-1}{2} \tag{7-15}$$

$$n_h = N - 1 - n_c \tag{7-16}$$

式中　n_c——冷冻水的流道数；

n_h——冷却水的流道数。

7）计算实际传热系数计算公式，见式（7-17）

$$K = \frac{1}{\left(\frac{1}{\alpha_h} + \frac{1}{\alpha_c} + \frac{\delta}{\lambda_p}\right)} \tag{7-17}$$

式中　α_h——冷却水表面换热系数［W/(m²·℃)］；

α_c——冷冻水表面换热系数［W/(m²·℃)］；

λ_p——板片的热导率［W/(m²·℃)］；

δ——板片的厚度（m）；

8）校核实际换热量计算公式，见式（7-18）

$$Q = \frac{K \times \Delta t \times \beta}{1000} \tag{7-18}$$

9）阻力损失计算公式，见式（7-19）和式（7-20）

$$W=\frac{V}{3600fn} \tag{7-19}$$

$$\Delta P=E_{u}W^{2}M \tag{7-20}$$

式中 W——板内流速（m/s）；

V——冷冻水、冷却水体积流量（m^3/h）；

f——换热器单流道截面积（m^2）；

n——冷冻水、冷却水的流道数；

ΔP——阻力损失（Pa）；

E_u——欧拉数；

P——流体密度（kg/m^3）；

M——流程数。

对板式换热器进行能效评价，板式热交换器的能效值（Energy Effciency Index，EEI）按式（7-21）计算：

$$\mathrm{EEI}=K/\nabla p^{0.31} \tag{7-21}$$

式中 K——在热流体定性温度为50℃、冷流体定性温度为30℃，冷、热流体流速均为0.5m/s的标准状态（水—水热交换）下，根据所建立的努赛尔准则关联式、板片厚度及其导热系数，计算出的总传热系数k_{cal}［$W/(m^2\cdot K)$］；

∇p——压力梯度（Pa/m）。

$$\nabla p=\omega_{c}\Delta p_{c}/l_{c}+\omega_{h}\Delta p_{h}/l_{h} \tag{7-22}$$

式中 ω_c、ω_h——冷热流体压力梯度的权重系数，$\omega_c+\omega_h=1$，对于常规等截面板式热交换器，满足$\omega_c=\omega_h=0.5$；

l_c、l_h——冷热流体角孔纵向中心距（m）；

Δp_c、Δp_h——在热流体定性温度为50℃、冷流体定性温度为30℃，冷、热流体流速均为0.5m/s的标准状态（水—水热交换）下，根据所建立的欧拉准则关联式计算出的冷、热侧压力降Δp_{cal}（Pa）。

板式换热器能效等级分为4级，各等级产品的能效值不应低于表7-31的规定。

表7-31 板式换热器能效等级产品对应的能效值

级别	1	2	3	4
EEI	227	200	176	168

节能型板式热交换器的能效值不低于176。

5. 机房空调

数据中心内机房类房间需按工艺需求设置机房空调，来实现全年供冷。

T/CECS 487—2017《数据中心制冷与空调设计标准》中指出，机房空调包括风冷直膨机房空调、水冷直膨机房空调和冷冻水机房空调等。

GB/T 19413—2010《计算机和数据处理机房用单元式空气调节机》给出了机房空调的型式及性能要求、噪声限值以及机房空调的全年能效比限值等。机房空调按室外侧冷却方式和室内侧（使用侧）冷却方式可分为风冷式、水冷式、冷水式、乙二醇经济冷却式和双冷源式（包括风冷双冷源式，水冷双冷源式以及双冷水式）。

机房空调按结构型式分为整体型和分体型；按送风方式分为下送风、上送风和水平送风。

机房空调的性能要求如下：

1）机房空调在正常工作时，制冷系统各部分不应有制冷剂泄漏；

2）机房空调在正常运转时，所测电流、电压、输入功率等参数应符合设计要求；

3）机房空调在名义工况下实测制冷量消耗功率不应小于明示值的 95%；

4）机房空调在名义工况下实测的制冷消耗功率不应大于名义制冷消耗功率的 110%；

5）在最大负荷制冷工况运行时：

① 机房空调各部件不应损坏，并能正常运行；

② 机房空调过载保护器不应跳开；

③ 当机房空调停机 3min 后，再启动连续运行 1h，但在启动运行的最初 5min 内允许过载保护器跳开，其后不允许动作；在运行的最初 5min 内过载保护器不复位时，在停机超过 30min 内复位的，应连续运行 1h；

④ 对于手动复位的过载保护器，在最初 5min 内跳开的，并应在跳开 10min 后使其强行复位，应能够再连续运行 1h；

6）机房空调在低温工况运行时，启动 10min 后，再进行 4h 运行中，安全装置不应跳开，蒸发器面不应有结冰；

7）在凝露工况运行时，机房空调外表面不应有水滴下，室内送风不应带有水滴，机房空调下方不应有滴水；

8）在凝露工况运行时，机房空调不应有凝结水从排水口以外溢出或吹出；

9）按制冷工况进行试验时，通过机房空调的水压压降有限值要求。

机房空调噪声的限值见表 7-32 所示。如果明示值小于表 7-32 的限值，测试结果不应大于明示值 3dB（A）并不大于表 7-32 的限值。

表 7-32　机房空调噪声限值（声压级）

<table>
<tr><th rowspan="2">名义制冷量
/W</th><th colspan="2">室内侧/dB（A）</th><th rowspan="2">室外侧
/dB（A）</th></tr>
<tr><th>接风管</th><th>不接风管</th></tr>
<tr><td>≤14000</td><td>—</td><td rowspan="2">66</td><td rowspan="3">64</td></tr>
<tr><td>>14000～28000</td><td>68</td></tr>
<tr><td>>28000～50000</td><td>71</td><td>69</td></tr>
<tr><td>>50000～70000</td><td rowspan="2">74</td><td rowspan="2">72</td><td>66</td></tr>
<tr><td>>70000</td><td>68</td></tr>
</table>

空调设备应根据电子信息系统机房的等级、机房的建筑条件、设备的发热量等进行选

择。空调系统无备份设备时，单台空调制冷设备的制冷能力应留有15%～20%的余量。空调设备的空气过滤器和加湿器应便于清洗和更换，设计时应为空调设备预留维修空间。

机房空调全年能效比的要求：在制冷试验名义工况下测试，机房空调的全年能效比（Annual Energy Efficiency Ratio，AEER）不小于明示值的95%，且应不小于表7-33的限值。

表7-33　机房空调的全年能效比限值

型　　式	AEER
风冷式	3.0
水冷式	3.5
乙二醇经济冷却式	3.2
风冷双冷源式	2.9
水冷双冷源式	3.4

注：双冷源机组能效比指直接蒸发制冷模式下的能效比。

机房空调AEER的计算见式（7-23）

$$AEER = T_a \times EER_a + T_b \times EER_b + T_c \times EER_c + T_d \times EER_d + T_e \times EER_e \qquad (7\text{-}23)$$

式中　AEER——机房空调的全年能效比；

$EER_a \sim EER_e$——机房空调在表7-34规定的工况下，测试A、B、C、D、E五个工况点的制冷性能，包括制冷量、制冷消耗功率和能效比（EER）；

$T_a \sim T_e$——A～E工况温度分布系数，其数值按表7-35的规定。

表7-34　机房空调全年能效比（AEER）试验工况

<table>
<tr><th colspan="3" rowspan="2">项　　目</th><th colspan="5">全年制冷工况（用于计算AEER）</th></tr>
<tr><th>A</th><th>B</th><th>C</th><th>D</th><th>E</th></tr>
<tr><td colspan="2" rowspan="2">室内机回风侧</td><td>干球温度</td><td>24</td><td>24</td><td>24</td><td>24</td><td>24</td></tr>
<tr><td>湿球温度</td><td>17</td><td>17</td><td>17</td><td>17</td><td>17</td></tr>
<tr><td rowspan="5">室外机环境条件</td><td>风冷式</td><td>入口干球温度</td><td>35</td><td>25</td><td>15</td><td>5</td><td>-5</td></tr>
<tr><td rowspan="2">水冷式</td><td>冷却水进口温度</td><td>30</td><td>25</td><td>18</td><td>10</td><td>10</td></tr>
<tr><td>冷却水出口温度</td><td>35</td><td colspan="4">出口温度由机组内置阀门控制</td></tr>
<tr><td rowspan="2">乙二醇经济冷却式</td><td>溶液进口温度</td><td>40</td><td>30</td><td>20</td><td>10</td><td>5</td></tr>
<tr><td>溶液出口温度</td><td>46</td><td colspan="4">溶液出口温度由机组内置阀门控制</td></tr>
</table>

表7-35　温度分布系数

温度分布系数	T_a	T_b	T_c	T_d	T_e
数值	7.2%	28.1%	23.1%	21.0%	20.6%

6. 膨胀水箱、气压罐

在空调工作水系统中，考虑到在运行工况下工作介质水的热胀冷缩特点，为了确保水系统安全，闭式水系统应考虑水受热膨胀后的泄压问题，需要使用到定压设备。定压设备通常可采用闭式膨胀罐或者开式膨胀水箱。

膨胀水箱可以起到良好的定压作用，且补水方便、快捷。膨胀水箱的有效容积一般按照冷冻水系统管路总水容量的 1.4% 选择。

根据图集 05K210《采暖空调循环水系统定压》，膨胀水箱的有效容积计算公式可按式（7-24）计算：

$$V_x = V_t + V_p \tag{7-24}$$

式中　V_x——开式膨胀水箱的有效容积（m^3）；

V_t——开式膨胀水箱的调节容积（m^3），调节容积 V_t 应不小于 3min 平时运行的补水泵流量，且保持水箱调节水位高差不小于 200mm；

V_p——系统最大膨胀水量（m^3）；

在供冷时，循环水系统的最大膨胀水量按式（7-25）计算：

$$V_p = \left(1 - \frac{\rho_0}{\bar{\rho}}\right) V_c \tag{7-25}$$

式中　ρ_0——水密度，空调（冬季运行）系统取充水温度t_0时水密度；空调冷水系统取夏季系统停运时的环境温度t_0对应水密度（kg/m^3）；

$\bar{\rho}$——系统运行时水的平均密度（kg/m^3），取供、回水温度时的密度平均值（kg/m^3），$\bar{\rho} = (\rho_g + \rho_h)/2$；

V_c——系统水容量（m^3）。

膨胀水箱设计宜采用开式高位膨胀水箱，但当建筑物顶部安装高度有困难时，可采用闭式低位膨胀水箱气压罐方式。

气压罐由补给水泵、补气罐、吸气阀、止回阀、闸阀、气压罐、泄水电磁阀、安全阀、自动排气阀、压力控制器、电接点压力表、电控箱等组成。气压罐的选用应以系统补水量为主要参数选取，一般系统的补水量可取总容水量的 4%。

图集 05K210《采暖空调循环水系统定压》给出了气压罐的容积计算公式、工作压力值，以及设计要点、安装等的要求。气压罐的容积计算公式见式（7-26）：

$$V \geqslant V_{min} = \frac{\beta V_t}{1 - \alpha} \tag{7-26}$$

式中　V——气压罐实际总容积（m^3）；

V_{min}——气压罐最小容积（m^3）；

V_t——气压罐调节容积，不宜小于 3min 平时运行的补水泵流量（m^3）；当采用变频泵时，补水泵流量可按额定转速时补水泵流量的 1/3 ~ 1/4 确定。

β——容积附加系数，隔膜式气压罐取 1.05；

$\alpha=\frac{P_1+100}{P_2+100}$，$P_1$和$P_2$分别为补水泵启动压力和停泵压力（表压，kPa），应综合考虑气压罐容积和系统的最高运行工作压力的因素取值，宜取0.65～0.85，必要时可取0.5～0.9。

气压罐工作压力值（表压，kPa）：安全阀开启压力P_4，不得使系统内管网和设备承受压力超过其允许工作压力。

膨胀水量开始流回补水箱时电磁阀开启压力P_3，宜取$0.9P_4$。补水泵启动压力P_1，满足定压点下限要求，并增加10kPa的裕量。定压点下限应符合：循环水温度为60～95℃时，应使系统最高点的压力高于大气压力10kPa以上；循环水温度小于等于60℃的系统，应使系统最高点压力高于大气压力5kPa以上。补水泵停泵压力P_2，宜取$P_2=0.9P_3$。

气压罐定压的设计要点为：定压点通常放在循环水泵吸入端；气压罐的配管应采用热浸镀锌钢管或热镀锌无缝钢管；气压罐应设有泄水装置，在管路系统上应设安全阀、电接点压力表等附件；气压罐与补水泵可组合安装在钢支座上，补水泵扬程应保证补水压力比系统补水点压力高30～50kPa；补水泵总小时流量宜为系统水容量的5%，不得超过10%；应设置闭式（补）水箱，并应回收因膨胀导致的泄水。

气压罐的安装注意事项包括：气压罐安装时房间应有良好的通风，且室内温度不应低于5℃、不高于40℃；安装在没有冻结危险的室外时，应考虑防风雨措施；气压罐与地面或其他设备之间应留有不小于0.7m的距离；气压罐安装后应进行水压强度试验和严密性试验，按工程设计要求及有关规定执行；气压罐水压强度试验和严密性试验合格后应按工程设计要求进行调试；完成调试工作后，应确保充气嘴不漏气；设备调试合格、投入自动运行后、可不设专人值班，但需定期巡检。

7. 蓄冷罐

关于确保连续供冷设置的蓄冷装置，T/CECS 487—2017《数据中心制冷与空调设计标准》中规定为保证发热量较高的主机房及不间断电源间等房间能维持稳定的温度，需为制冷与空调系统设置必要的措施，保证供冷连续，系统不因市电中断、冷机重启等事件发生冷却中断。数据中心有连续供冷需求，且采用蓄冷罐的冷冻水系统，满负荷放冷的能力应满足连续供冷需要支持的时间。蓄冷罐应设置有效的保温措施，寒冷或严寒地区布置在室外的蓄冷罐，还应有防冻结措施。蓄冷罐的供回水管宜设有自动切断阀，当蓄冷罐发生故障，可自动关闭，使得蓄冷罐与空调水系统分离。

《数据中心设计规范》主编解读系列文章中规定蓄冷设施有三个作用：

1）在两路电源切换时，冷水机组需重新启动，此时空调冷源由蓄冷装置提供；

2）供电完全中断时，电子信息设备由UPS供电，此时空调冷源由蓄冷装置提供，因此蓄冷装置供应冷量的时间宜与UPS的供电时间一致；

3）在冷机负荷较低的情况下，间断运行冷机，由蓄冷装置提供冷源，起到节能作用。蓄冷装置不是单指蓄冷罐，蓄冷装置提供的冷量包括蓄冷罐和相关管道内的蓄冷量，以及建筑和室内空气的蓄冷量等。是否设置蓄冷罐，应根据机柜容量、建筑空间及管道的蓄冷情况，通过计算温升确定。

蓄冷罐是一种水蓄冷设施，他利用水在不同温度时密度不同的特性，通过布水系统使不同温度的水保持分层，从而避免冷水和温水混合造成冷量损失，达到蓄冷目的，通常包含水罐本体、布水器、液位计、测温元件、保冷层、爬梯、栏杆和防雷装置等。

蓄冷罐的计算公式见式（7-27）：

$$V=\frac{Q_{\mathrm{S}}}{\rho C_{\mathrm{p}}\Delta t\varepsilon\alpha_{\mathrm{v}}} \tag{7-27}$$

式中　Q_{S}——按空调总冷负荷和运行策略（全部/部分蓄冷）来确定；

ρ——蓄冷水密度（$\mathrm{kg/m^3}$）；

C_{p}——水的定压比热［$\mathrm{kJ/(kg\cdot K)}$］；

V——蓄冷槽实际容积（$\mathrm{m^3}$）；

Δt——放冷时的回水与蓄冷时的进水温度之间的温差（K）；

ε——蓄冷槽的完善度，考虑混合和斜温层的影响，一般取 85% ~90%；

α_{v}——蓄冷槽的体积利用率，考虑散热器布置和蓄冷槽内其他不可用空间等的影响，一般取 95%。

8. 风机

通风机指的是将机械能转变为气体的势能和动能，用于输送空气及其混合物的动力机械，简称风机。

GB/T 3235—2008《通风机基本型式、尺寸参数及性能曲线》中给出了通风机的分类。通风机按气流运动方向分类可分为离心式和轴流式通风机；通风机按压力可分为低、中、高压通风机；通风机按旋转方向可分为顺时针旋转和逆时针旋转；通风机按润滑方式可分为脂润滑和油润滑；通风机按轴承型式可分为滚动轴承和滑动轴承；通风机按支撑方式可分为悬臂式和双支承式。离心通风机按进气方式可分为单吸入和双吸入，单吸入和双吸入通风机可分为不带进气箱和带进气箱。轴流通风机按级数可分为单级轴流风机和多级轴流风机，轴流风机如果叶片调节，可分为动叶调节和静叶调节。

通风机的性能用通风机的空气动力特性和噪声特性来评定，一般用性能曲线表示。一般通风机的性能曲线应将性能参数换算到标准进气状态下绘制。

通风机的传动型式可分为电动机直联、皮带轮、联轴器等型式。离心通风机各种传动型式的代表符号与结构说明见表 7-36 以及图 7-20。

表 7-36　离心通风机各种传动型式的代表符号与结构说明

传动型式	型　号	结构说明
电动机直联	A	通风机叶轮直接装在电动机轴上
皮带轮	B	叶轮悬臂安装，皮带轮在两轴承中间
	C	皮带轮悬臂安装在轴的一端，叶轮悬臂安装在轴的另一端
	E	皮带轮悬臂安装，叶轮安装在两轴承之间（包括双进气和两轴承支撑在壳体上）

（续）

传动型式	型　号	结 构 说 明
联轴器	D	叶轮悬臂安装
	F	叶轮安装在两轴承之间

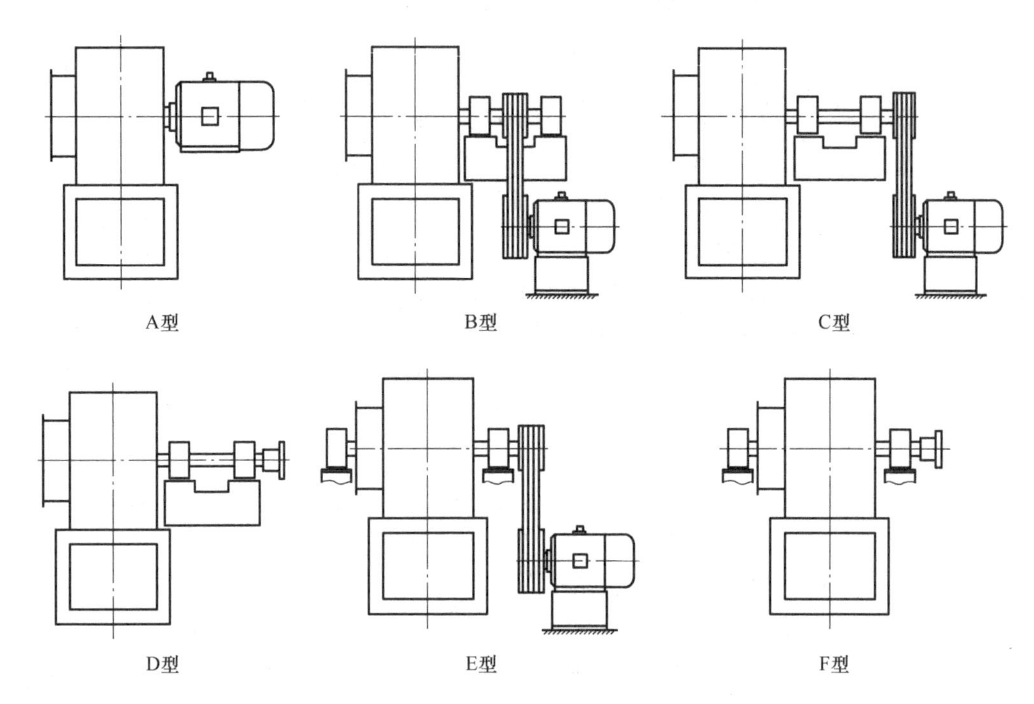

图 7-20　离心通风机各种传动型式及结构

轴流通风机各种传动型式的代表符号与结构说明见表 7-37 以及图 7-21。

表 7-37　轴流通风机各种传动型式的代表符号与结构说明

传动型式	符　　号	结 构 说 明
电动机直联	A	通风机叶轮直接装在电动机轴上
皮带轮	C	皮带轮悬臂安装在轴的一端，叶轮悬臂安装在轴的另一端
联轴器	D	叶轮悬臂安装
	F	叶轮安装在两轴承之间

空气中含有易燃易爆危险物质的房间中的送风、排风系统应采用防爆型通风设备；送风机如设置在单独的通风机房内且送风干管上设置止回阀时，可采用非防爆型通风设备。

GB 50736—2016《民用建筑供暖通风与空气调节设计规范》中规定：

通风机应根据管路特性曲线和风机性能曲线进行选择，并应符合下列规定：

1）通风机风量应附加风管和设备的漏风量。送、排风系统可附加 5%～10%，排烟兼

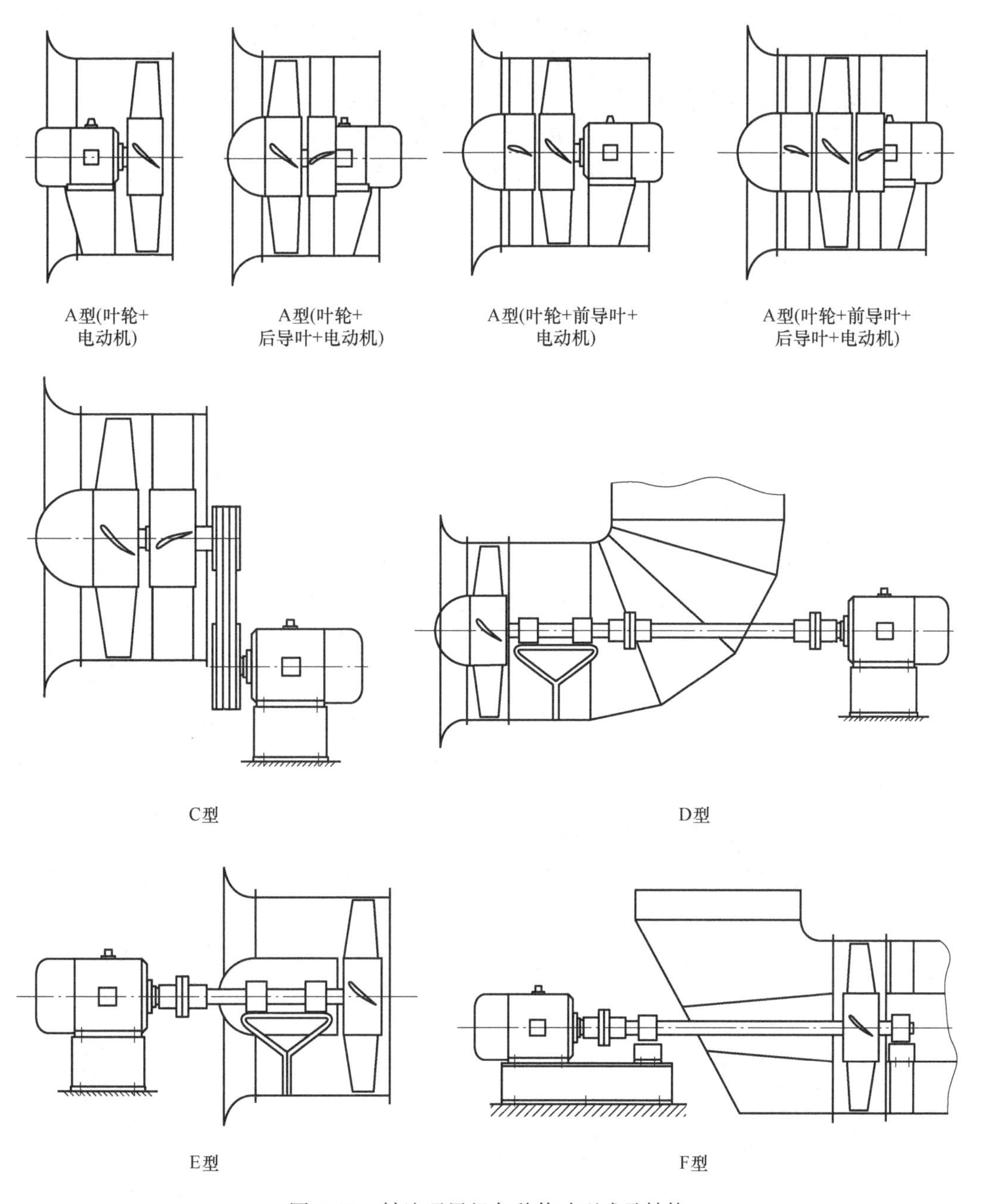

图 7-21　轴流通风机各种传动型式及结构

排风系统宜附加 10%～20%；

2）通风机采用定速时，通风机的压力在计算系统压力损失上宜附加 10%～15%；

3）通风机采用变速时，通风机的压力应以计算系统总压力损失作为额定压力；

4）设计工况下，通风机效率不应低于其最高效率的90%；

5）兼用排烟的风机应符合国家现行建筑设计防火规范的规定。

一般通风、空调的通风系统压力损失的计算公式如下：

$$\Delta P = P_m L(1+K) \tag{7-28}$$

式中 P_m——单位长度风管摩擦阻力损失（Pa）；

L——风管总长度（m）；

K——整个系统局部阻力损失与摩擦阻力损失的比值，一般可按以下选取：

弯头、三通等构件较少时，$K=1.0\sim2.0$；

弯头、三通等构件较多时，$K=3.0\sim5.0$。

7.7 电气

7.7.1 供配电

1）数据中心用电负荷等级及供电要求应根据数据中心的等级，按GB 50174—2007的附录A执行，并应符合GB 50052—2009《供配电系统设计规范》的有关规定。

A级机房按双重电源加柴油发电机或独立于正常供电回路的第三路电源配置，变压器及UPS按2N配置；B级机房按双重电源或一路市电加一路柴油发电机配置，变压器及UPS按$N+1$配置；C级机房按两回线路供电配置，UPS的后备供电时间满足信息系统按程序停机时间要求时，可不设置柴油发电机。与2008版的差别，如果A级机房配置独立于正常供电回路的第三路电源，可不必配置柴油发电机。

2）电子信息设备供电电源质量应根据数据中心的等级，按GB 50174—2007的附录A执行。当电子信息设备采用直流电源供电时，供电电压应符合电子信息设备的要求。一般电子信息设备都采用三相380V或单相220V交流电供电，采用高压直流，其供电电压等级一般为240V。若用户自己采购电子信息设备，需要对电子信息设备供电作特殊要求，方可采用高压直流电源。

供电电源稳态电压偏移范围（%）：$-10\sim7$

稳态频率偏移范围（Hz）：±0.5

输入电压波形失真度（%）：$\geqslant5$

允许断电持续时间（ms）：$0\sim10$

上述是对给电子信息系统供电的UPS输出技术指标的要求。

3）供配电系统应为电子信息系统的可扩展性预留备用容量，一般按3~5年可能的发展需求考虑。

4）户外供电线路不宜采用架空方式敷设，减少雷电对机房设备的影响。

5）数据中心应由专用配电变压器或专用回路供电，变压器宜采用干式变压器，变压器宜靠近负荷布置。

数据中心供电可靠性要求较高，为防止其他负荷干扰，当数据中心用电容量较大时，应设置专用配电变压器供电，数据中心用电容量较小时，可由专用低压馈电线路供电。

采用干式变压器是从防火安全角度考虑的，美国 NFPA75（信息设备的保护）要求为信息设备供电的变压器应采用干式或不含可燃物的变压器。

变压器靠近负荷布置时为了降低中性线与 PE 线之间的电位差、缩短低压线路降低线损。

6）数据中心低压配电系统的接地形式宜采用 TN 系统。采用交流电源的电子信息设备，其配电系统应采用 TN-S 系统。

采用交流电源的电子设备，采用 TN-S 系统（低压供电线路三相五线制）可以对雷电浪涌进行多级保护，对 UPS 和电子信息设备进行电磁兼容保护。其余设备采用 TN 系统（低压供电线路三相四线制）。

7）电子信息设备宜由不间断电源系统供电。不间断电源系统应有自动和手动旁路装置。确定不间断电源系统的基本容量时，应留有余量。不间断电源系统的基本容量可按式（7-29）计算：

$$E \geqslant 1.2P \tag{7-29}$$

式中　E——不间断电源系统的基本容量，不包含备份不间断电源系统设备（kW 或 kV · A）；

　　P——电子信息设备的计算负荷（kW 或 kV · A）。

辅助区宜单独设置 UPS，以避免辅助区的人员误操作而影响主机房电子信息设备的正常运行。

采用具有自动和手动旁路装置的 UPS，目的是避免在 UPS 设备发生故障或进行维修时中断电源。

确定 UPS 容量时需要留有余量，其目的有两个，一是使 UPS 不超负荷工作，保证供电的可靠性；二是为了以后少量增加电子信息设备时，UPS 的容量仍然可以满足使用要求。按照式（7-29）计算出的 UPS 容量只能满足电子信息设备的基本要求，未包含冗余或容错系统中备份 UPS 的容量，式中 E 类似于 UPS 配置容量中的 N，UPS 的作用有两个，一个是保证供电电压和频率的偏差在规定范围之内；第二个是在外电中断以后仍能维持一定时间的供电。

8）数据中心内采用不间断电源系统供电的空调设备和电子信息设备不应由同一组不间断电源系统供电，测试电子信息设备的电源和电子信息设备的正常工作电源应采用不同的不间断电源系统，以减少对电子信息设备的干扰。

9）电子信息设备的配电宜采用配电列头柜或专用配电母线。采用配电列头柜时，配电列头柜应靠近用电设备安装；采用专用配电母线时，专用配电母线应具有灵活性。

配电列头柜和专用配电母线的主要作用是对电子信息设备进行配电、保护和监测。当机柜容量或位置发生变化时，专用配电母线应能够灵活进行容量和位置调整，即插即用。当电子信息设备采用直流供电时，应采用直流保护电器和直流 信息设备专用母线。

10）交流配电列头柜和交流专用配电母线宜配备瞬态电压浪涌保护器和电源监测装置，

并应提供远程通信接口。当输出端中性线与PE线之间的电位差不能满足电子信息设备使用要求时，配电系统可装设隔离变压器。

输出中性线N与地线PE之间的电压也称为零地电压，当电压差不能满足某些信息设备使用要求，需要配置隔离变压器时，其保护开关的选择应考虑隔离变压器投入时的励磁涌流。

配置电源监测装置和提供远程通信接口的目的是为了将电源和用电设备的运行状态反映到机房设备监控系统中，有利于保证设备正常运行和能耗统计。

11）电子信息设备的电源连接点应与其他设备的电源连接点严格区别，并应有明显标识。

电源连接点主要是指插座、工业连接器等，电子信息设备的电源连接点应在颜色或外观上明显区别于其他设备的电源连接点，以防止其他设备误连接后，导致电子信息设备供电中断。

12）A级数据中心应由双重电源供电，并应设置备用电源。备用电源宜采用独立于正常电源的柴油发电机组，也可采用供电网络中独立于正常电源的专用馈电线路。当正常电源发生故障时，备用电源应能承担数据中心正常运行所需要的用电负荷。

备用电源是保障A级数据中心正常运行的必要条件，独立于正常电源的发电机组和供电网络中独立于正常电源的专用馈电线路都可以作为备用电源。由于柴油发电机组在可操作性上优于其他备用电源，故大部分数据中心采用柴油发电机组作为备用电源。

13）B级数据中心宜由双重电源供电，当只有一路电源时，应设置柴油发电机组作为备用电源。B级数据中心比A级数据中心在电源可靠性方面降低了要求，当数据中心由双重电源供电时，不需要再设置备用电源。

14）后备柴油发电机组的性能等级不应低于G3级；A级数据中心发电机组应连续和不限时运行，发电机组的输出功率应满足数据中心最大平均负荷的需要。B级数据中心发电机组的输出功率可按限时500h运行功率选择。

在现行国家标准GB/T 2820.1—2009《往复式内燃机驱动的交流发电机组　第1部分：用途、定额和性能》中将发电机组的性能分为G1、G2、G3、G4，由于数据中心对发电机组的输出频率、电压和波形有严格要求，故要求发电机组的性能不应低于G3级。

发电机组应连续和不限时运行是A级数据中心的基本要求，最大平均负荷是指按需要系数法对电子信息设备、空调和制冷设备、照明等容量进行负荷计算得出的数值。确定发电机组的输出容量还应考虑负载产生谐波对发电机组的影响。

在GB/T 2820.1—2009中将发电机组的输出功率分为四种：持续功率、基本功率、限时运行功率和应急备用功率。按A级标准建设的金融行业数据中心，发电机组的输出功率可按持续功率选择。综合考虑B级数据中心的负荷性质、市电的可靠性和投资的经济性，发电机组输出功率中的限时运行功率能够满足B级数据中心的使用要求。

15）柴油发电机应设置现场储油装置，储存柴油的供应时间应按GB 50174—2017附录A执行。当外部供油时间有保障时，储存柴油的供应时间宜大于外部供油时间。柴油在储存期间内，应对柴油品质进行检测，当柴油品质不能满足使用要求时，应对柴油进行更换。

宜满足柴油发电机组 12 小时用油。GB 50174 的 2008 年版没做要求，但是在执行 2008 年版期间，A 级机房一般按 72 小时用油量设计。

16）柴油发电机周围应设置检修用照明和维修电源，电源宜由不间断电源系统供电。

主要考虑当市电和柴油发电机都出现故障时，检修柴油发电机需要电源，故只能采用 UPS 或 EPS 供电。为了不影响电子信息设备的安全运行，检修用 UPS 不应由电子信息设备用 UPS 引来。

17）正常电源与备用电源之间的切换采用自动转换开关电器时，自动转换开关电器宜具有旁路功能，或采取其他措施，在自动转换开关电器检修或故障时，不应影响电源的切换。

采用该措施要注意，当主电源恢复前首先要断开旁路。

18）同城灾备数据中心与主用数据中心的供电电源不应来自同一个城市变电站。采用分布式能源供电的数据中心，备用电源可采用市电或柴油发电机。

同城灾备数据中心与主用数据中心要有一定的距离，才能保证供电电源来自不同的变电站。

分布式能源包括燃气三联供系统、太阳能、风能等，数据中心应鼓励采用分布式能源。

19）敷设在隐蔽通风空间的配电线路宜采用低烟无卤阻燃铜芯电缆，也可采用配电母线。电缆应沿线槽、桥架或局部穿管敷设；活动地板下作为空调静压箱时，电缆线槽（桥架）或配电母线的布置不应阻断气流通路。

机房内的隐蔽通风空间主要是指作为空调静压箱的活动地板下空间及用于空调回风的吊顶上空间，从安全的角度出发考虑，在此区域敷设的电缆宜采用低烟无卤助燃铜芯电缆。

20）配电线路的中性线截面积不应小于相线截面积；单相负荷应均匀地分配在三相线路上。

电子信息设备属于单相非线性负荷，易产生谐波电流及三相负荷不平衡现象，根据实测，UPS 输出的谐波电流一般不大于基波电流的 10%，故不必加大相线截面积，而中性线含三相谐波电流的叠加及三相负荷不平衡电流，实测往往等于或大于相线电流，故中性线截面积不应小于相线截面积。此外，将单相负荷均匀地分配在三相线路上，可以减少中性线电流减少由三相不平衡引起的电源不平衡度。

7.7.2　照明

1）主机房和辅助区一般照明的照度标准值应按照 300 ~ 500lx 设计，一般显色指数不宜小于 80。支持区和行政管理区的照度标准值应按 GB 50034—2013《建筑照明设计标准》的有关规定执行。规范给出的主机房照度标准值是指两列机柜或设备之间通道内的维持平均照度，参考平面为 0. 75m 水平面。显色指数能正确表现物质本来的颜色需使用颜色指数高的光源，其数值指数接近 100，显色性越好。由于机柜一般都是深色，机房装修完毕，机柜还没有进机房时监测的照度才能达到 500lx，机柜安装后仅能达到 300lx。

2）主机房和辅助区内的主要照明光源宜采用高效节能荧光灯，也可采用 LED 灯。荧光灯镇流器的谐波限值应符合 GB 17625.1—2012《电磁兼容　限值　谐波电流发射限值（设备每相输入电流≤16A）》的有关规定，灯具应采取分区、分组的控制措施。光源发出的总光通量与该光源消耗的电功率的比值称为该光源的光效。发光效率值越高，表明照明器材将电能转换为光能的能力越强。本条主要是从照明节能角度考虑，高效节能荧光灯主要是指光效大于 80lm/W 的荧光灯。当 LED 灯显色指数大于 80 时，也可采用 LED 灯，其光效更高。

3）辅助区的视觉作业宜采取下列保护措施：

① 视觉作业不宜处在照明光源与眼睛形成的镜面反射角上；

② 辅助区宜采用发光表面积大、亮度低、光扩散性能好的灯具；

③ 视觉作业环境内宜采用低光泽的表面材料。

针对视觉作业所采取的措施是为了减少作业面上的光幕反射和反射炫光。

4）照明灯具不宜布置在设备的正上方，工作区域内一般照明的照明均匀度不应小于 0.7，非工作区域内的一般照明照度值不宜低于工作区域内一般照明照度值的 1/3。为了避免设备对照明光线的遮挡，要求照明灯具不宜布置在设备的正上方。在主机房内，照明灯具应布置在通道内。针对总控中心等经常有人工作的区域，对一般照明的照明均匀度做出了规定，在有视觉显示终端的工作场所，人的眼睛对照明均匀度要求更高，只有当照明均匀度大于 0.7 时，人的眼睛才不易疲劳。

5）主机房和辅助区应设置备用照明，备用照明的照度值不应低于一般照明照度值的 10%；有人值守的房间，备用照明的照度值不应低于一般照明照度值的 50%；备用照明可为一般照明的一部分。

主机房与辅助区是数据中心的重要场所，照明熄灭将造成人员停止工作，设备运转出现异常，从而造成很大影响或经济损失。因此，主机房和辅助区内应设置保证人员正常工作的备用照明。备用照明和一般照明的电源应由不同回路引来，火灾时切除。

6）数据中心应设置通道疏散照明及疏散指示标志灯，主机房通道疏散照明的照度值不应低于 5lx，其他区域通道疏散照明的照度值不应低于 1lx。主机房一般为密闭空间（A 级和 B 级主机房一般不设外窗），从安全角度出发，规定通道疏散照明的照度值（地面）不低于 5lx。

7）数据中心内的照明线路宜穿钢管暗敷或在吊顶内穿钢管明敷。

8）术夹层内宜设置照明和检修插座，应采用单独支路或专用配电箱（柜）供电。技术夹层包括吊顶上和活动地板下，需要设置照明的地方主要是人员可以进入的夹层。

7.7.3　静电防护

1）数据中心防静电设计应符合 GB 50611—2010《电子工程防静电设计规范》的有关规定。

2）主机房和安装有电子信息设备的辅助区，地板或地面应有静电泄放措施和接地构造，防静电地板、地面的表面电阻或体积电阻值应为 $2.5\times10^{4}\sim1.0\times10^{9}\Omega$，并应具有防火、环保、耐污耐磨性能。

“地板”是指铺设了高架防静电活动地板的区域，“地面”是指未铺设防静电活动地板的区域。地板或地面是室内环境静电控制的重点部位，其防静电的功能主要取决于静电泄放措施和接地构造，即地板或地面选择导静电或静电耗散材料，并应做好接地。

规范采用静电工程中通常使用的“表面电阻”和“体积电阻”来表征地板或地面的静电泄放性能，其阻值是依据国内行业规范并参考国外相关标准确定的，涵盖了导静电型和静电耗散型两大地面类型。

3）主机房和辅助区中不使用防静电活动地板的房间，可铺设防静电地面，其静电耗散性能应长期稳定，且不应起尘。

采用涂料敷设方式的防静电地面，涂料多为现场配置或采用复合材料铺设静电性能不容易达到一致或存在时效衰减，因此要求长期稳定，该指标可以有供方承诺，也可以通过相应资质测试部门，通过加速老化试验，进行功能性评定和寿命预测。

4）辅助区内的工作台面宜采用导静电或静电耗散材料，其静电性能指标应符合 GB 50174—2017 第 8.3.1 条的规定。

辅助区内的工作台面是人员操作的主要工作面，从保护电子信息系统的可靠性角度考虑，推荐采用与地面同级别的防静电措施。

5）静电接地的连接线应满足机械强度和化学稳定性要求，宜采用焊接或压接。当采用导电胶与接地导体粘接时，其接触面积不宜小于 $20cm^2$。

7.7.4　防雷与接地

1）数据中心的防雷和接地设计应满足人身安全及电子信息系统正常运行的要求，并应符合 GB 50057—2010《建筑物防雷设计规范》和 GB 50343—2012《建筑物电子信息系统防雷技术规范》的有关规定。

2）保护性接地和功能性接地宜共用一组接地装置，其接地电阻应按其中最小值确定。保护性接地包括：防雷接地、放电击接地、防静电接地、屏蔽接地等；功能性接地包括：交流工作接地、直流工作接地、信号接地等。

关于电子信息设备信号接地的电阻值，IFE 有关标准及等同或等效采用 IFE 标准的国标均未规定接地电阻值要求，只要实现了高频条件下的低阻抗接地和等电位联结即可。当与其他接地系统联合接地时，按其他接地系统接地电阻的最小值确定。

3）对功能性接地有特殊要求需单独设置接地线的电子信息设备，接地线应与其他接地线绝缘；供电线路与接地线宜同路径敷设。

为了减少环路中的感应电压，单独设置接地线的电子信息设备的供电线路与接地线应尽可能地同路径敷设；同时为了防止干扰，接地线 应与其他接地线绝缘。

4）数据中心内所有设备的金属外壳、各类金属管道、金属线槽、建筑物金属结构等必须进行等电位联结并接地。本条是强制性条文，必须严格执行。对数据中心内所有设备的金属外壳、各类金属管道、金属线槽、建筑物金属结构等做电位联结及接地是为了降低或消除这些金属部位之间的电位差，是对人员和设备安全防护的必要措施，如果这些金属之间存在电位差，将造成人员伤害和设备损坏。因此，数据中心基础设施不应存在对地绝缘的孤立导体。

5）电子信息设备等电位联结方式应根据电子信息设备易受干扰的频率及数据中心的等级和规模确定，可采用S型、M型或SM混合型。易受干扰的频率在0～30kHz（也可高至300kHz）适用S型（星型结构、单点接地）；易受干扰的频率大于300kHz（也可低至30kHz）适用M型（网型结构、多点接地）；SM混合型等电位联结方式是单点接地与多点接地的组合，可以同时满足高频与低频信号接地的要求。

6）采用M型或SM混合型等电位联结方式时，主机房应设置等电位联结网格，网格四周应设置等电位联结带，并应通过等电位联结导体将等电位联结带就近与接地汇流排、各类金属管道、金属线槽、建筑物金属结构等进行连接。每台电子信息设备（机柜）应采用两根不同长度的等电位联结导体就近与等电位联结网格连接。要求每台电子信息设备（机柜）应采用两根不同长度的等电位联结导体就近与等电位联结网格连接的原因是：当结连导体的长度为干扰频率波长的1/4或奇数倍时，其阻抗为无穷大，相当于一根天线，可接收或辐射干扰信号，而采用两根不同长度的连接导体，可以避免其长度为干扰频率的1/4或其奇数倍，为干扰频率提供一个地阻抗的泄放通道。

7）等电位联结网格应采用截面积不小于25mm^{2}的铜带或裸铜线，并应在防静电活动地板下构成边长为0.6～3m的矩形网格。等电位联结网格的尺寸取决于电子信息设备的摆放密度，机柜等设备布置密集时（成行布置，且行与行之间的距离为规范规定的最小值时），网格尺寸宜取小值（600mm×600mm）；设备配置宽松时，网格尺寸可视具体情况加大，目的是节省铜材。

8）等电位联结带、接地线和等电位联结导体的材料和最小截面积，应符合表7-38的要求。

表7-38　等电位联结带、接地线和等电位联结导体的材料和最小截面积

名　　称	材　　料	最小截面积（mm^2）
等电位联结带	铜	50
利用建筑内的钢筋做接地线	铁	50
单独设置的接地线	铜	25
等电位联结导体（从等电位联结带至接地汇集排或至其他等电位联结带，各接地汇集排之间）	铜	16
等电位联结导体（从机房内各金属装置至等电位联结带或接地汇集排，从机柜至等电位联结网格）	铜	6

9）3～10kV备用柴油发电机系统中性点接地方式应根据常用电源接地方式及线路的单相接地电容电流数值确定。当常用电源采用非有效接地系统时，柴油发电机系统中性点接地宜采用不接地系统。当常用电源采用有效接地系统时，柴油发电机系统中性点接地可采用不

接地系统，也可采用低电阻接地系统。当柴油发电机系统中性点接地采用不接地系统时，应设置接地故障报警。当多台柴油发电机组并列运行，且采用低电阻接地系统时，可采用其中一台机组接地方式。

我国电力系统常用的接地方式分为两大类，即中性点有效接地系统和中性点非有效接地系统。非有效接地系统包括中性点不接地、谐振接地（经消弧线圈接地）和谐振-低电阻接地、高电阻接地系统。有效接地系统在电压 5 ~ 33kV 时为低电阻接地系统。

3 ~ 10kV 柴油发电机系统中性点接地方式与线路的单相接地电容电流值有关，由于数据中心 10kV 电气设备及电缆数量有限，其单相接地电容电流一般不超过 30A，故柴油发电机系统中性点接地方式选择不接地系统。当常用电器采用低电阻接地系统，某一回路发生单相接地故障，保护电器动作跳闸不影响数据中心运行时，柴油发电机系统中性点接地方式也可选择低电阻接地系统。当多台柴油发电机组并列运行，接地方式采用其中一台机组接地时，应核算接地电阻的流通容量。

10）1kV 及以下备用柴油发电机系统中性点接地方式宜与低压配电系统接地方式一致。多台柴油发电机组并列运行，且低压配电系统中性点直接接地时，多台机组的中性点可经电抗器接地，也可采用其中一台机组接地方式。当多台柴油发电机组并列运行时，为减少中性导体中的环流，采用中性点经电抗器接地，或采用其中一台机组接地方式。

7.8　电磁屏蔽

7.8.1　一般规定

1）对涉及国家秘密或企业对商业信息有保密要求的数据中心，应设置电磁屏蔽室或采取其他电磁泄漏防护措施。其他电磁泄漏防护措施主要是指采用信号干扰仪、电子泄漏防护插座、屏蔽缆线和屏蔽接线模块等。

2）对于电磁环境要求达不到本规范第 5.2.2 条要求的数据中心，应采取电磁屏蔽措施。5.2.2 条要求主机房和辅助区内的无线电骚扰环境在 80 ~ 1000MHz 和 1400 ~ 2000MHz 频段范围内不应大于 130dB（μV/m），工频磁场场强不应大于 30A/m。

3）电磁屏蔽室的结构形式和相关的屏蔽件应根据电磁屏蔽室的性能指标和规模选择。

4）设有电磁屏蔽室的数据中心，建筑结构应满足屏蔽结构对荷载的要求。

5）设有电磁屏蔽室的数据中心，结构载荷除应满足电子信息设备的要求外，还应考虑金属屏蔽结构需要的荷载值。根据调研，需要增加的结构荷载与屏蔽结构形式及屏蔽室的面积有关，一般在 1.2 ~ 2.5kN/m^2 范围内。

6）电磁屏蔽室与建筑（结构）墙之间宜预留维修通道或维修口。

7）滤波器、波导管等屏蔽件一般安装在电磁屏蔽室金属壳体的外侧，考虑到以后的维修，需要在安装有屏蔽件的金属壳体侧与建筑（结构）墙之间预留维修通道或维修口，通道宽度不宜小于 600mm。

8）电磁屏蔽室的壳体应对地绝缘，接地宜采用共用接地装置和单独接地线的形式。电磁屏蔽室的接地采用单独引下线的目的是为了防止屏蔽信号干扰电子信息设备，引下线一般采用截面积不小于25mm^2 的多股铜芯电缆。

7.8.2 结构形式

1）用于保密目的的电磁屏蔽室，其结构形式可分为可拆卸式和焊接式。焊接式可分为自撑式和直贴式。

2）建筑面积小于50m^2、日后需搬迁的电磁屏蔽室，结构形式宜采用可拆卸式。

3）电场屏蔽衰减指标大于120dB、建筑面积大于50m^2 的屏蔽室，结构形式宜采用自撑式。

4）电场屏蔽衰减指标大于60dB、小于或等于120dB 的屏蔽室，结构形式宜采用直贴式，屏蔽材料可选择镀锌钢板，钢板的厚度应根据屏蔽性能指标确定。

5）电场屏蔽衰减指标大于25dB、小于或等于60dB 的屏蔽室，结构形式宜采用直贴式，屏蔽材料可选择金属丝网，金属丝网的目数应根据被屏蔽信号的波长确定。

7.8.3 屏蔽件

1）屏蔽门、滤波器、波导管、截止波导通风窗等屏蔽件，其性能指标不应低于电磁屏蔽室的性能要求，安装位置应便于检修。根据调研，屏蔽件的性能指标适当提高一些，屏蔽效果会更好。

2）屏蔽门宜采用旋转式屏蔽门。当场地条件受到限制时，可采用移动式屏蔽门。前者操作方便，出入快捷。

3）所有进入电磁屏蔽室的电源线缆应通过电源滤波器进行处理。电源滤波器的规格、供电方式和数量应根据电磁屏蔽室内设备的用电情况确定。滤波器分为电源滤波器和信号滤波器，电源滤波器主要供电电源进行滤波。电源滤波器的规格主要是指电源频率（50Hz、400Hz）和额定电流值。电源滤波器的供电方式有单相和三相。

4）所有进入电磁屏蔽室的信号电缆应通过信号滤波器或进行其他屏蔽处理。定信号频率太高（如射频信号），无法采用滤波器进行滤波时，应对进入电磁屏蔽室的信号电缆采取其他的屏蔽措施，如使用屏蔽暗箱或信号传输板。

5）进出电磁屏蔽室的网络线宜采用光缆或屏蔽缆线，光缆不应带有金属加强芯。采用光缆的目的是减少电磁泄漏，保证信息安全。光缆中的加强芯一般采用钢丝，在光缆进入波导管之前，应去掉钢丝，以保证电缆屏蔽效果。对于电磁屏蔽衰减指数低于60dB 的屏蔽室，网络线可以采用屏蔽缆线，缆线的屏蔽层应与屏蔽壳体可靠连接。

6）截止波导通风窗内的波导管宜采用等边六角型，通风窗的截面积应根据室内换气次数进行计算确定。根据调研，截止波导通风窗内的波导管采用等边六角型时，电磁屏蔽和通风效果最好。

7）非金属材料穿过屏蔽层时应采用波导管，波导管的截面尺寸和长度应满足电磁屏蔽的性能要求。非金属材料主要是指光纤、气体和液体（如空调制冷剂、消防用水或气体灭火剂等）。波导管的截面尺寸和长度应根据截止频率和衰减参数，通过计算确定。

7.9　网络、布线、智能化系统

7.9.1　网络系统

不同的数据中心网络系统是根据用户需求和技术发展状况来进行规划和设计的。用户需求包括其生产业务的发展战略对数据中心的网络容量、性能和功能需求；应用系统、服务器、存储等设备对网络通信的需求；用户当前的网络现状、主机房环境条件、建设和维护成本、网络管理需求等。技术发展状况包括技术发展趋势、网络架构模型、技术标准等。数据中心网络应包括互联网络、前端网络、后端网络和运管网络。前端网络可采用三层、二层和一层架构。A 级数据中心的核心网络设备应采用容错系统，并应具有可扩展性，相互备用的核心网络设备宜布置在不同的物理隔间内，如图 7-22 所示。

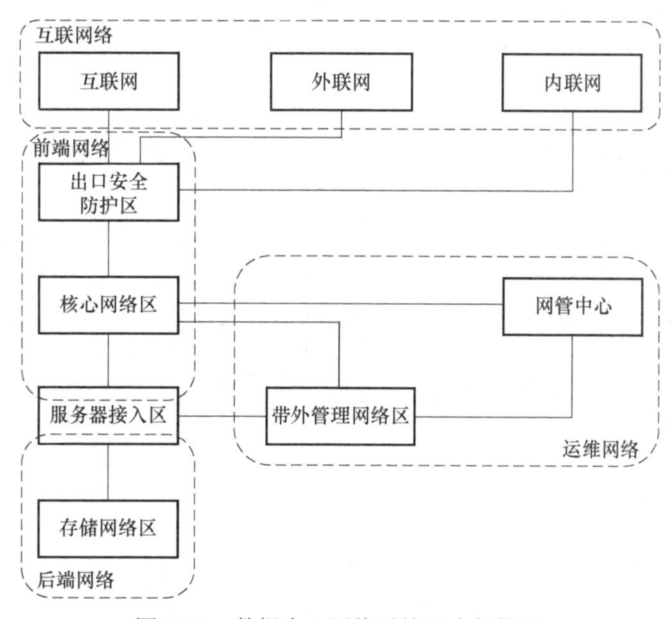

图 7-22　数据中心网络系统基本架构图

互联网络区域包括互联网、外联网及内联网，互联网是指广义的互联网，外联网则是指本系统内不同数据中心之间的网络连接，而内联网则是指本数据中心内部的网络连接。不同网络区域间由于安全级别不同，应进行安全隔离并制定相应的安全策略实现可控的互联互通。前端网络的主要功能是数据交换，一般采用三层交换机来实现，其架构包括核心层、汇聚层和接入层，数据中心三层交换机网络架构如图 7-23 所示，二层和一层网络架构一般采用矩阵架构，由汇聚交换机和接入交换机通过二层网络交换技术来实现，这种架构可为任意两个交换机节点提供低延迟和高带宽的通信，同时可以配合高性能、高扩展性的第三层（IP层）核心交换机或交换模块来实现三层路由交换和控制。

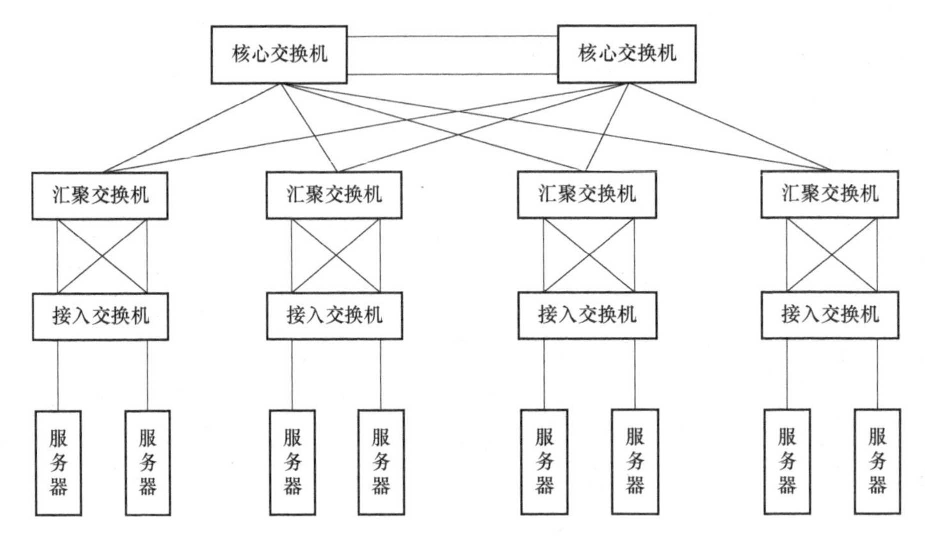

图 7-23　数据中心三层交换机网络架构图

后端网络的主要功能是存储，存储网络交换机宜与存储设备贴邻部署，存储网络的连接应尽量减少无源连接点的数量，以保证存储网络低延时，无丢包的性能。服务器与网络设备或存储设备的距离应由网络应用类型和传输介质决定。

运管网络包括带内管理网络及带外管理网络，带内管理是指管理控制信息与业务数据信息使用同一个网络接口和通道传送，带外管理是指通过独立于业务数据网络之外专用管理接口和通道对网络设备和服务器设备进行集中化管理。A 级机房应单独部署带外管理网络，服务器带外管理网络和网络设备带外管理网络可使用相同的物理网络。

后端网络和运管网络仍然可以采用二层传输为主，辅助以三层路由控制的设计思路，从而实现性能和流量控制之间的平衡。

7.9.2　布线系统

数据中心布线系统与网络系统架构密切相关，设计时应根据网络架构确定布线系统，设计范围应包括主机房、辅助区、支持区和行政管理区，其中辅助区、支持区和行政管理区布线系统的设计还应符合 GB 50311—2016《综合布线系统工程设计规范》的规定。主机房一般设置主配线区、中间配线区/区域配线区、水平配线区和设备配线区。主配线区设置在主机房的一个特定区域内；水平配线区设置在机柜的端头（列头柜）或中间位置（列中柜）。

数据中心布线系统一般分为生产网、办公网和运维网。其中办公网主要服务于数据中心内办公人员的日常办公所需，运维网主要服务于数据中心各弱电子系统，生产网则主要承担数据中心的生产业务。针对生产网的主干和水平子系统应采用 OM3/OM4 多模光缆、单模光缆或 6A 类及以上对绞电缆，传输介质各组成部分的等级应保持一致，并应按规范采用冗余配置。同时对各种光缆/铜缆的防火等级应根据实际情况合理选用。布线系统中的光缆主干或水平布线系统宜采用多芯 MPO/MTP 预连接光缆系统。主干布线应具备支持 10Gbit/s、40Gbit/s 和 100Gbit/s 网络的能力。机房内的铜缆配线架和光纤配线箱可以安装在机柜（架）内，也可以通过支架安装在桥架上。

A 级数据中心可采用智能布线管理系统对布线系统进行实时智能管理。智能布线管理系统可以随时记录配线的变化，在发生配线故障时，可以在很短的时间内确定故障点，是保证布线系统可靠性和可用性的措施之一。但由于此系统造价较高，是否采用则应根据机房的重要性及工程投资综合考虑。

数据中心布线系统应有标识标签系统，所有线缆的两端、配线架和信息插座应有清晰耐磨的标签。标识标签系统的编码原则与颜色确定需根据机房使用方的实际需求来确定。

为防止电磁场对布线系统的干扰，避免通过布线系统对外泄漏重要信息，数据中心的布线系统存在下列情况之一时，应采用屏蔽布线系统（当采用屏蔽布线系统时，应保证链路或信道的全程屏蔽和屏蔽层可靠接地）、光缆布线系统或采取其他相应的防护措施（如建筑屏蔽）：

1）环境要求未达到 GB 50174—2007《数据中心设计规范》第 5.2.2 条的要求时（主机房和辅助区内的无线电骚扰环境场强在 80～1000MHz 和 1400～2000MHz 频段范围内不应大于 130dBμV/m；工频磁场场强不应大于 30A/m）；

2）网络安全有保密要求时；

3）安装场地不能满足非屏蔽布线系统与其他系统管线或设备的间距要求时。

当线缆敷设在隐蔽通风空间（如吊顶内或地板下）时，缆线易受到火灾的威胁或成为火灾的助燃物，且不易察觉，故在此情况下，应对缆线采取防火措施。线缆防火等级划分有北美通信缆线防火分级和欧洲缆线防火分级两种标准，可根据实际情况来选用。

缆线采用线槽或桥架敷设时，线槽或桥架的高度不宜大于 150mm，线槽或桥架的安装位置应与建筑装饰、电气、空调、消防等协调一致。当线槽或桥架敷设在主机房天花板下方时，线槽和桥架的顶部距离天花板或其他障碍物不宜小于 300mm。铜缆与光缆系统分上下两层设置时，应考虑施工时的工作空间要求。光缆系统可采用光纤槽道。

主机房布线系统中的铜缆与电力电缆或配电母线槽之间的最小间距应根据机柜的容量和线缆保护方式确定，并应符合表 7-39 的规定。

表 7-39　铜缆与电力电缆或配电母线槽的间距

机柜容量/kV·A	铜缆与电力电缆的敷设关系	铜缆与配电母线槽的敷设关系	最小间距/mm
≤5	铜缆与电力电缆平行敷设	—	300
	有一方在金属线槽或钢管中敷设，或使用屏蔽铜缆	铜缆与配电母线槽平行敷设	150
	双方各自在金属线槽或钢管中敷设，或使用屏蔽铜缆	铜缆在金属线槽或钢管中敷设，或使用屏蔽铜缆	80

（续）

机柜容量/kV·A	铜缆与电力电缆的敷设关系	铜缆与配电母线槽的敷设关系	最小间距/mm
>5	铜缆与电力电缆平行敷设	—	600
	有一方在金属线槽或钢管中敷设，或使用屏蔽铜缆	铜缆与配电母线槽平行敷设	300
	双方各自在金属线槽或钢管中敷设，或使用屏蔽铜缆	铜缆在金属线槽或钢管中敷设，或使用屏蔽铜缆	150

7.9.3 智能化系统一般要求

数据中心智能化系统设计内容一般包括：基础设施及动力环境监控系统、设备监控系统、网络系统、布线系统、火灾自动报警及消防联动控制系统、背景音乐及紧急广播系统、视频安防监控系统、入侵报警系统、一卡通系统、出入口控制系统、停车库管理系统、电子巡更管理系统、电梯管理系统、周界防范系统、信息发布系统、机房对讲系统、电话交换系统、小型移动蜂窝电话系统、有线电视系统、卫星通信系统、大屏幕显示系统、扩声系统、中控系统、KVM 系统、资产管理系统、数据中心基础设施管理系统、数据中心气流与热场管理系统等，各数据中心可根据实际需求确定。

各系统的设计应按国家相关标准的要求来执行，详细规范目录见表 7-40。

表 7-40 智能化系统设计相关标准

名　　称	标　准　号
《数据中心设计规范》	GB 50174—2017
《智能建筑设计标准》	GB 50314—2015
《智能建筑工程质量验收规范》	GB 50339—2013
《安全防范工程技术标准》	GB 50348—2018
《电视和声音信号电缆分配系统　第 2 部分：设备的电磁兼容》	GB 13836—2000
《声音和电视广播接收机及有关设备无线电骚扰特性　限值和测量方法》	GB 13837—2012
《信息技术设备的无线电骚扰限值和测量方法》	GB 9254—2008
《安全防范系统验收规则》	GA 308—2001
《综合布线系统工程验收规范》	GB/T 50312—2016
《综合布线系统工程设计规范》	GB 50311—2016
《视频安防监控系统工程设计规范》	GB 50395—2016
《出入口控制系统工程设计规范》	GB 50396—2007
《民用建筑电气设计规范》	JGJ 16—2016
《入侵报警系统工程设计规范》	GB 50394—2007

（续）

名　　称	标 准 号
《建筑物电子信息系统防雷技术规范》	GB 50343—2012
《停车库（场）安全管理系统技术要求》	GA/T 761—2008
《火灾自动报警系统设计规范》	GB 50116—2013
《建筑设计防火规范》	GB 50016—2014
《火灾自动报警系统施工及验收规范》	GB 50166—2007
《自动化仪表工程施工及质量验收规范》	GB 50093—2013
《公共广播系统工程技术规范》	GB 50526—2010
《厅堂扩声系统设计规范》	GB 50371—2006
《会议电视会场系统工程设计规范》	GB 50635—2010
《电子会议系统工程设计规范》	GB 50799—2012
《会议电视会场系统工程施工及验收规范》	GB 50793—2012

智能化各系统可集中设置在总控中心内，火灾自动报警及消防联动控制系统设置在消防控制室内。为了提高供电电源的可靠性，各系统宜采用独立的 UPS 电源。当采用集中 UPS 电源供电时，应采用单独回路为各系统配电。A 级和 B 级数据中心，应为 UPS 提供双路供电电源。

智能化系统宜采用集散或分布式网络结构及现场总线控制技术，支持各种传输网络和多级管理，能够体现集中管理，分散控制的原则，可以实现本地或远程监视和操作，实现各系统之间的可靠联动。系统对监控范围内分布的各监控对象进行实时监视，记录和处理相关数据，检测故障，适时通知相关人员处理故障，根据要求提供相应的数据和报表，实现机房的无人值守，以及环境和设备的集控监控、维护和管理，对电能利用效率（Power Usage Effectiveness，PUE）和水利用效率（Water Use Efficiency，WUE）进行检测和计算。系统应具备显示、记录、控制、报警、提示及趋势和能耗分析功能。系统平台应具有集成性、开放性、可扩展性及可对外互联等功能。系统采用的操作系统、数据库管理系统、网络通信协议等应采用国际上通用的系统，以便于集成管理。

7.9.4 机房动力环境设备监控系统

机房动力环境设备监控系统主要解决目前数据中心普遍存在的机房设备数量多、设备分布散、专业人才不足等问题，本系统可大大缩短故障定位、排障时间，达到快速定位设备报警位置，第一时间给出报警原因和解决方法，为 IT 系统稳定运行提供了全面保障，并为用户提供了专业的设备维护管理功能，帮助用户建立全面的设备维护管理系统，减轻维护人员负担的同时，也实现了集中实时的监控、全面统一的管理，有效保障数据中心高效、节能、安全、可靠的运行。

机房动力环境设备监控系统应实现实时监控、预防故障、迅速排障等功能；并在监控的同时实时记录和处理各种设备运行及报警数据，对数据中心机房的动力设备、环境设备综合监测管理，以保障机房设备稳定运行、提高管理人员工作效率，实现机房的少人或无人值守，也可以3D形式展现机房各楼层面貌。

系统建立后符合下列要求：

- 监测和控制主机房和辅助区的温度、露点温度或相对湿度等环境参数，当环境参数超出设定值时，应报警并记录。核心设备区及高密设备区宜设置机柜微环境监控系统。
- 主机房内有可能发生水患的部位应设置漏水检测和报警装置。
- 环境检测设备的安装数量及安装位置应根据运行和控制要求确定，主机房的环境温度、露点温度或相对湿度应以冷通道或以送风区域的测量参数为准。
- 对机电设备的运行状态、能耗进行监视、报警并记录。
- 对机房专用空调设备、柴油发电机组、不间断电源系统、蓄电池、导轨式母线槽、精密配电柜等设备自身应配有监控系统，监控的主要参数应纳入本系统，通信协议应满足本控系统的要求。

系统前端监测点位见表7-41。

表7-41　系统前端监测点位

布点区域	布点设备	监测内容
数据机房模块内	温湿度传感器	冷/热通道温度/相对湿度
	气体压力监测仪表	机房室内外气压差
	精密配电柜智能电力仪表	全电力参数、防雷开关状态
	导轨式即插即用母线槽网关（如有）	全电力参数
数据机房空调间	温湿度传感器	温度/相对湿度
	精密空调室内机组	精密空调室内机全部运行数据及报警数据
	漏水报警探测器及漏水绳	定位式漏水监测
	湿膜加湿器	加湿器全部运行数据及报警数据
	化学过滤器	化学过滤器全部运行数据及报警数据
	空调配电柜智能电力仪表	全电力参数、ATS状态
IT设备供电UPS间	UPS主机	UPS主机全部运行数据及报警数据
	UPS输出配电柜智能电力仪表	各馈电回路全电力参数
	温湿度传感器	室内环境温度/湿度
	精密空调室内机组	精密空调室内机全部运行参数
	漏水报警探测器及漏水绳	定位式漏水监测
IT设备供电电池间	蓄电池	蓄电池内阻、充电电流、温度、运行时间、电池组直流开关状态等数据
	温湿度传感器	室内环境温度/湿度
	氢气传感器	室内氢气探测报警

（续）

布点区域	布点设备	监测内容
运营商接入间（如有）	温湿度传感器	室内环境温度/湿度
柴油发电机房及油路沿线（如有）	温湿度传感器	温度/相对湿度
	漏油报警探测器及漏油绳	定位式漏油监测
	发电机机组、油泵及并机系统	全部运行参数
走廊（如有）	定点式漏水探测器	走廊内冷水管路阀门处漏水探测

7.9.5　安防系统

综合安全防范系统由视频安防监控系统、入侵报警系统和出入口控制系统等组成，各子系统之间应具备联动控制功能。本系统所有软硬件系统或设备应具备 365 天不间断运行能力，其中 A 级数据中心主机房的视频监控应无盲区。紧急情况时，出入口控制系统应能接受相关系统的消防联动控制信号，自动打开疏散通道上的门。

室外安装的安全防范系统设备应采取防雷电保护措施，电源线、信号线应采用屏蔽电缆，避雷装置和电缆屏蔽层应接地，且接地电阻不应大于 10Ω。

安全防范系统宜采用数字式系统，支持远程监视功能。

7.9.6　总控中心

总控中心（Enterprise Command Center，ECC）是以监控、管理为手段，以控制、优化为目的，通过计算机系统进行集中监控管理，使得企业的管理从传统的单一、被动和低效的管理方式逐步转变为统一、主动和高效的管理模式，来实现信息系统管理效率和服务管理质量的同步提升，降低人工操作和管理带来的风险。

当数据中心发生重大信息系统突发事件时，需要通过 ECC 启动应急指挥和协调处置；当出现灾难事件时，需要通过 ECC 启动灾难决策过程，召集灾难恢复人员，进行事件的分析和评估，并对灾难恢复工作进行指挥，下达指令；运行人员运用 ECC 对生产中心和灾备中心系统进行监控。

系统所有软硬件系统或设备应具备 365 天不间断运行能力。

总控中心设置单独房间内，系统宜接入基础设施运行信息、业务运行信息、办公及管理信息等信号。例如：设备和环境监控信息、能源和能耗监控信息、安防监控信息、火灾报警及消防联动控制信息、业务及应急广播信息、气流与热场管理信息、KVM 信息、资产管理信息、桌面管理子信息、网络管理信息、系统管理信息、存储管理信息、安全管理信息、事件管理信息、IT 服务管理信息、会议视频和音频信息、语音通信信息等。

总控中心宜设置总控中心机房、大屏显示系统、信号调度系统、话务调度系统、扩声系统、会议系统、对讲系统、中控系统、网络布线系统、出入口控制系统、视频监控系统、灯光控制系统、操作控制台和操作员座席等。

7.10　给水排水

7.10.1　一般要求

数据中心给排水系统的设计应按国家相关标准的要求来执行，详细目录见表7-42。

表7-42　数据中心给排水系统相关标准

名　　称	标　准　号
《建筑给水排水设计规范（2009年版）》	GB 50015—2003
《建筑给水排水及采暖工程施工质量验收规范》	GB 50242—2002
《数据中心设计规范》	GB 50174—2017
《自动喷水灭火系统设计规范》	GB 50084—2017
《建筑机电工程抗震设计规范》	GB 50981—2014
《公共建筑节能设计标准》	GB 50189—2015
《民用建筑节水设计标准》	GB 50555—2010
《二次供水工程技术规程》	CJJ 140—2010
《城镇给水排水技术规范》	GB 50788—2012

数据中心给水一般包括生产用水和生活用水。

数据中心生产用水包括空调冷冻水和冷却水。GB 50015—2003《建筑给水排水设计规范（2009年版）》对于空调的循环冷却水系统规定：循环水系统宜采用敞开式，敞开式循环冷却水系统的水质应满足被冷却设备的水质要求；循环水泵的台数宜与冷水机组相匹配。循环水泵的出水量应按冷却水循环水量确定，扬程应按设备和管网循环水压要求确定，并应复核水泵泵壳承压能力。建筑空调系统的循环冷却水系统应有过滤、缓蚀、阻垢、杀菌、灭藻等水处理措施。

生活用水的要求如下：

1）居住小区内的公共建筑用水量，应按其使用性质、规模采用表7-43中的用水定额经计算确定。

表7-43　宿舍、旅馆和公共建筑生活用水定额及小时变化系数

序号	建筑物名称	单位	最高日生活用水定额/L	使用时数/h	小时变化系数 K_h
1	宿舍 Ⅰ类、Ⅱ类 Ⅲ类、Ⅳ类	每人每日 每人每日	150～200 100～150	24 24	3.0～2.5 3.5～3.0
2	办公楼	每人每班	30～50	8～10	1.5～1.2

2）居住小区道路、广场的浇洒用水定额可按浇洒面积 2.0～3.0L/m² · 天计。

3）居住小区管网漏失水量和未预见水量之和可按最高日用水量的 10%～15% 计。

4）建筑物室内外消防用水量，供水延续时间，供水水压等，应根据国家现行有关消防规范执行。

5）设计工业企业建筑时，管理人员的生活用水定额可取（30～50）L/人 · 班，车间工人的生活用水定额应根据车间性质确定，宜采用（30～50）L/人 · 班；用水时间宜取 8h，小时变化系数宜取 1.5～2.5。

6）工业企业建筑淋浴用水定额，应根据 GBZ 1—2010《工业企业设计卫生标准》中车间的卫生特征分级确定，可采用（40～60）L/人 · 次，延续供水时间宜取 1h。

给水排水系统应根据数据中心的等级，按表 7-44 的要求执行。

表 7-44　数据中心的给排水技术要求

项　目	技术要求			备　注
	A 级	B 级	C 级	
冷却水储水量	满足 12h 用水	—	—	1）当外部供水时间有保障时，水存储量仅需大于外部供水时间 2）应保证水质满足使用要求
与主机房无关的给排水管道穿越主机房	不应		不宜	—
主机房地面设置排水系统	应			用于冷凝水排水、空调加湿器排水、消防喷洒排水、管道漏水

数据机房发生的任何一次水泄漏如不能及时的发现和排除，所造成的不仅仅是电路短路、设备损坏，而且会造成重要数据的损坏丢失、业务中断等无法估计的严重后果。因而数据中心内安装有自动喷水灭火设施、空调机和加湿器的房间，地面应设置挡水和排水设施；不应有与主机房内设备无关的给排水管道穿过主机房，相关给排水管道不应布置在电子信息设备的上方。进入主机房的给水管应加装阀门。

由于数据中心的日常办公人员较少，可设置一个公共卫生间。地下的设备机房应设集水坑，通过污水泵强排至室外污水管网，如图 7-24 所示，污水泵具有自动启动和手动启动的功能，集水坑水位设感应装置，并实时将水位信号传送至监控室，监控室设置远程启泵开关。污水泵、阀门应选择耐腐蚀、大流通量而不易堵塞的产品。

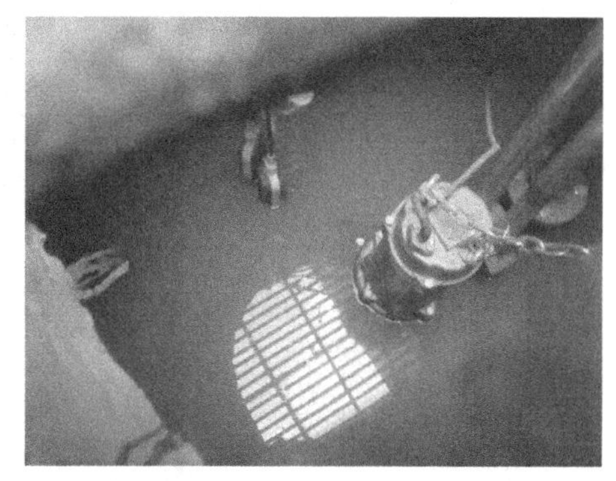

图 7-24　污水泵

2009JSCS—3《全国民用建筑工程设计技术措施：给水排水》（以下简称《技术措施：给水排

水》）中规定了排水泵的选择和要求：

1）建筑物内使用的排水泵有排水潜污泵、液下排水泵、立式污水泵和卧式污水泵等。由于建筑物内一般场地较小，排水量不大，排水泵可优先采用潜水排污泵和液下排水泵；在排水水质或水温对电机有危害的场所宜选用液下排污泵、立式污水泵和卧式污水泵，由于它们要求设置隔振基础、自灌式吸水、并占有一定的场地，故在建筑中较少使用。

2）排水泵的流量应按生活排水设计秒流量选定，当有排水量调节时，可按生活排水最大小时流量选定。消防电梯集水池内的排水泵流量不小于10L/s。当集水池接纳水池溢流水、泄空水时，应按水池溢流量、泄流量与排入集水池的其他排水量中大者选择水泵机组。

3）排水泵的扬程按提升高度、管道损失计算确定后，再附加一定的流出水头，流出水头宜采用0.02～0.03MPa。排水泵吸水管和出水管流速不应小于0.7m/s，并不宜大于2.0m/s。

4）公共建筑内应以每个生活排水集水池为单元设置一台备用泵，平时交替运行。地下室、设备机房如有两台及两台以上排水泵时可不设备用泵。当集水池无法设事故排出管时，水泵应有不间断的动力供应；当能关闭排水进水管时，可不设不间断动力供应，但应设置报警装置。

5）当提升带有较大杂质的污、废水时，不同集水池内的潜水排污泵出水管不应合并排出；当提升一般废水时，可按实际情况考虑不同集水池的潜水排污泵出水管合并排出。

6）排水泵宜设置排水管单独排至室外，排水管的横管段应有坡度坡向出口。两台或两台以上的水泵共用一条出水管时，应在每台水泵出水管上装设阀门和止回阀；单台水泵排水有可能产生倒灌时，应设止回阀。

7）潜水排污泵的选用应符合下列规定：

① 当潜水排污泵提升含有大块杂物时，潜水排污泵宜带有粉碎装置；当提升含较多纤维物污水时，宜采用大通道潜水排污泵。

② 被提升的污、废水温度不超过40℃，pH值为6～9。

③ 安装方式可根据表7-45的要求选用。

表7-45　小型潜水排污泵的安装方式选用

安装方式	适用场合	优　缺　点
软管连接移动式	电动机功率$N \leqslant 5.5$kW及排出管管径$D_N \leqslant$ 80mm，较清洁污（废）水的排放	安装方式结构简单，造价较低；但检修、维护较不方便
硬管连接固定式	电动机功率$N \leqslant 5.5$kW及排出管管径$D_N \leqslant$ 80mm，较清洁污（废）水的排放	安装方式结构简单，造价较低；但检修、维护较不方便
带自动耦合装置固定式	各种污（废）水排放	检修、维护方便，但造价较高

小型潜水排污泵可以根据国家标准设计图集08S305《小型潜水排污泵选用及安装》

选用。

8）排水泵应能自动启停和现场手动启停。多台水泵可并联交替运行，也可分段投入运行。

7.10.2　管道结构

《技术措施：给水排水》中指出：

1）建筑物内给水管网的布置，应根据建筑物性质、使用要求和用水设备等因素确定，一般应符合下列要求：

① 充分利用外网压力；在保证供水安全的前提下，以最短的距离输水；引入管和给水干管宜靠近用水量最大或不允许间断供水的用水点；力求水力条件最佳。

② 不影响建筑的使用和美观；管道宜沿墙、梁、柱布置，但不能有碍于生活、工作、通行；一般可设置在管井、吊顶内或墙角边。

③ 管道宜布置在用水设备、器具较集中处，方便维护管理及维修。

④ 室内给水管网宜采用支状布置，单向供水。不允许间断供水的建筑和设备，应采用环状管网或贯通支状双向供水（若不可能时，应采取设置高位水箱或增加第二水源等保证安全供水的措施）。

2）不允许间断供水的建筑，其引入管应符合下列要求：

① 引入管不少于 2 条，所在处附近无障碍物，便于抢修。

② 应从室外环网的不同侧引入。若必须同侧引入时，两条引入管的间距不得小于 15m，并在两条引入管之间的室外给水管上装阀。

在主机房和辅助区，为能及时排除空调凝结水和给水管漏水，可在精密空调给水点附近设置地漏。此时地漏为洁净室专用地漏，或自闭式地漏，地漏下加设水封装置。地面设置挡水坝等挡水设施。穿过主机房的给水排水管道暗敷或采取防漏保护的套管。给水管道和排水管道及其保温材料应采用不低于 B1 级的材料。

7.11　消防与安全

7.11.1　一般要求

电子信息系统机房应根据机房的等级设置相应的灭火系统，并按照现行国家规范 GB 50016—2014《建筑设计防火规范（2018 年版）》和 GB 50370—2005《气体灭火系统设计规范》，GB 50898—2013《细水雾灭火系统技术规范》和 GB 50084—2017《自动喷水灭火系统设计规范》以及 GB 50174—2017《数据中心设计规范》的相关消防技术要求执行。

数据中心给排水系统的设计应按国家相关标准的要求来执行。详细见表 7-46。

表 7-46 数据中心消防系统相关标准

名 称	标 准 名
《气体灭火系统设计规范》	GB 50370—2005
《火灾自动报警系统设计规范》	GB 50116—2013
《气体灭火系统施工及验收规范》	GB 50263—2007
《火灾自动报警系统施工及验收规范》	GB 50166—2007
《柜式气体灭火装置》	GB 16670—2006
《建筑设计防火规范（2008 年版）》	GB 50016—2014
《建筑灭火器配置设计规范》	GB 50140—2005
《消防给水及消火栓系统技术规范》	GB 50974—2014

7.11.2 消防设施

1. 消防报警系统

（1）火灾报警系统分类

数据中心设置火灾自动报警系统应符合 GB 50116—2018《火灾自动报警系统设计规范》的有关规定。火灾自动报警系统形式的选择，应符合下列规定：

1）仅需要报警，不需要联动自动消防设备的保护对象宜采用区域报警系统；

2）不仅需要报警，同时需要联动自动消防设备，且只设置一台具有集中控制功能的火灾报警控制器和消防联动控制器的保护对象，应采用集中报警系统，并应设置一个消防控制室；

3）设置两个及以上消防控制室的保护对象，或已设置两个及以上集中报警系统的保护对象，应采用控制中心报警系统。火灾自动报警系统应设置火灾声光警报器，并应在确认火灾后启动建筑内的所有火灾声光警报器。

区域报警系统应由火灾探测器、手动火灾报警按钮、火灾声光警报器及火灾报警控制器等组成，系统中可包括消防控制室图形显示装置和指示楼层的区域显示器。

集中报警系统应由火灾探测器、手动火灾报警按钮、火灾声光警报器、消防应急广播、消防专用电话、消防控制室图形显示装置、火灾报警控制器、消防联动控制器等组成。

（2）消防报警设备

火警自动警报系统采用的探测器包括感温、感烟、感光等类型，探测器选择方式见表 7-47。

表 7-47 探测器选取

火 灾 类 型	感温探测器	感烟探测器	火焰探测器	可燃气体探测器
火灾初期有阴燃阶段，产生大量的烟和少量的热，很少或没有火焰辐射的场所	√			

（续）

火灾类型	感温探测器	感烟探测器	火焰探测器	可燃气体探测器
火灾发展迅速，可产生大量热、烟和火焰辐射的场所	√	√	√	
火灾发展迅速，有强烈的火焰辐射和少量烟、热的场所			√	
使用、生产可燃气体或可燃蒸气的场所				√

图集 18DX009《数据中心工程设计与安装》中给出了吸气式感烟火灾探测器布置示意图，如图 7-25 所示。

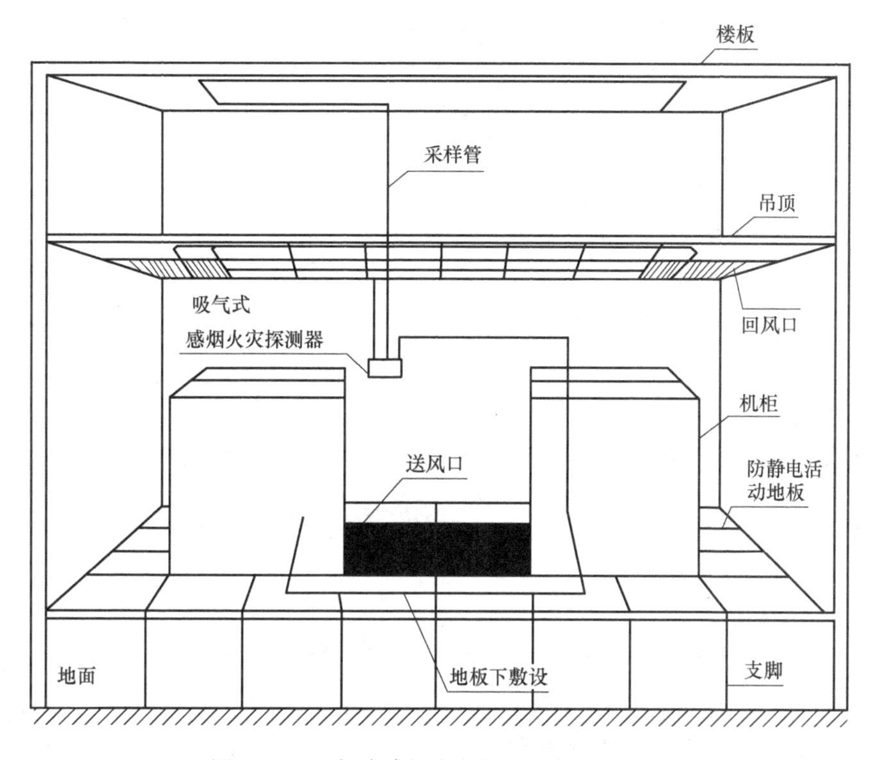

图 7-25　吸气式感烟火灾探测器布置示意图

火灾光警报器适用于能见度低以及产生烟雾的事故现场，应设置在每个楼层的楼梯口、消防电梯前室、建筑内部拐角等处的明显部位，且不宜与安全出口指示标志灯具设置在同一面墙上。

人员发现火灾时，可按下手动火灾报警按钮，如图 7-26 所示。

设置在建筑室内外供人员操作或使用的消防设施，均应设置区别于环境的明显标志。

2. 消防灭火系统

消防给水和消防设施的设置应根据建筑的用途及其重要性、火灾危险性、火灾特性和环境条件等因素综合确定。A 级数据中心的主机房宜设置气体灭火系统，也可设置细水雾灭火系统。当 A 级数据中心内的电子信息系统在其他数据中心内安装有承担相同功能的备份系统时，也可设置自动喷水灭火系统。总控中心等长期有人工作的区域应设置自动喷水灭火系统。B 级和 C 级数据中心的主机房宜设置气体灭火系统，也可设置细水雾灭火系统或自动喷水灭火系统。

图 7-26　手动火灾报警按钮

（1）气体灭火

采用管网式气体灭火系统或细水雾灭火系统的主机房，应同时设置两组独立的火灾灭火探测器，火灾报警系统应与灭火系统和视频监控联动。

两个或两个以上的防护区采用组合分配系统时，一个组合分配系统所保护的防护区不应超过 8 个。

1）七氟丙烷灭火系统。七氟丙烷灭火系统的灭火设计浓度不应小于灭火浓度的 1.3 倍，惰化设计浓度不应小于惰化浓度的 1.1 倍。在通信机房和电子计算机房等防护区，设计喷放时间不应大于 8s；在其他防护区，设计喷放时间不应大于 10s。固体表面火灾的灭火浓度为 5.8%。油浸变压器室、带油开关的配电室和自备发电机房等防护区，灭火设计浓度宜采用 9%。通信机房和电子计算机房等防护区，灭火设计浓度宜采用 8%。防护区实际应用的浓度不应大于灭火设计浓度的 1.1 倍。

① 灭火剂设计用量或惰化设计用量，应按式（7-30）计算：

$$W = K\frac{V}{S}\cdot\frac{C_1}{(100 - C_1)} \tag{7-30}$$

式中　W——灭火设计用量或惰化设计用量（kg）；

C_1——灭火设计浓度或惰化设计浓度（%）；

S——灭火剂过热蒸气在 101kPa 大气压和防护区最低环境温度下的质量体积（m^3/kg）；

V——防护区净容积（m^3）；

K——海拔修正系数，可按表 7-48 取值。

表 7-48　海拔修正系数

海拔/m	修 正 系 数
-1000	1.130
0	1.000
1000	0.885
1500	0.830

（续）

海拔/m	修 正 系 数
2000	0.785
2500	0.735
3000	0.690
3500	0.650
4000	0.610
4500	0.565

② 灭火剂过热蒸气在 101kPa 大气压和防护区最低环境温度下的质量体积，应按式（7-31）计算：

$$S=0.1269+0.000513T \tag{7-31}$$

式中　T——防护区最低环境温度（℃）。

③ 系统灭火剂储存量应按式（7-32）计算：

$$W_0=W+\Delta W_1+\Delta W_2 \tag{7-32}$$

式中　W_0——系统灭火剂储存量（kg）；

ΔW_1——储存容器内的灭火剂剩余量（kg）；

ΔW_2——管道内的灭火剂剩余量（kg）。

2）IG541 混合气体灭火系统中，当 IG541 混合气体灭火剂喷放至设计用量的 95% 时，喷放时间不应大于 60s 且不应小于 48s。固体表面火灾的灭火浓度为 28.1%。

① 灭火剂设计用量或惰化设计用量，应按式（7-33）计算：

$$W=K\frac{V}{S}\ln\left(\frac{C_1}{100-C_1}\right) \tag{7-33}$$

式中　W——灭火设计用量或惰化设计用量（kg）；

C_1——灭火设计浓度或惰化设计浓度（%）；

V——防护区净容积（m^3）；

S——灭火剂过热蒸气在 101kPa 大气压和防护区最低环境温度下的质量体积（m^3/kg）；

K——海拔修正系数，可按表 7-48 的规定取值。

② 灭火剂过热蒸气在 101kPa 大气压和防护区最低环境温度下的质量体积，应按式（7-34）计算：

$$S=0.6575+0.0024T \tag{7-34}$$

式中　T——防护区最低环境温度（℃）。

③ 系统灭火剂储存量应按式（7-35）计算：

$$W_S\geqslant 2.7V_0+2.0V_P \tag{7-35}$$

式中　W_S——系统灭火剂剩余量（kg）；

V_0——系统全部储存容器的总容积（m^3）；

V_P——管网的管道内容积（m^3）。

（2）水灭火

消防给水和消防设施的设置应根据建筑的用途及其重要性、火灾危险性、火灾特性和环境条件等因素综合确定。建筑占地面积大于300m^2的厂房和仓库应设置室内消火栓系统。室外、室内消火栓用水量：按建筑类型、耐火时限、体积设计流量计算，消火栓入口压力不小于0.36MPa。当消防水池采用两路供水且在火灾情况下连续补水能满足消防要求时，消防水池的有效容积应根据计算确定，但不应小于100m^3，当仅设有消火栓系统时不应小于50m^3。

自动喷水灭火系统、水喷雾灭火系统、泡沫灭火系统和固定消防炮灭火系统等系统以及下列建筑的室内消火栓给水系统应设置消防水泵接合器：超过5层的公共建筑；超过4层的厂房或仓库；其他高层建筑；超过2层或建筑面积大于10000m^2的地下建筑（室）。消防水泵接合器的给水流量宜按每个10～15L/s计算。每种水灭火系统的消防水泵接合器设置的数量应按系统设计流量经计算确定，但当计算数量超过3个时，可根据供水可靠性适当减少。

数据中心建筑外、数据中心内公共走廊区域需设计消火栓系统。数据中心内应设置室内消火栓系统和建筑灭火器，室内消火栓系统宜配置消防管卷盘。室内消火栓的选型应根据使用者、火灾危险性、火灾类型和不同灭火功能等因素综合确定。室内消火栓的配置应符合下列要求：

1）应采用DN65室内消火栓，并可与消防软管卷盘或轻便水龙设置在同一箱体内；

2）应配置公称直径65mm有内衬里的消防水带，长度不宜超过25.0m；消防软管卷盘应配置内径不小于ϕ19的消防软管，其长度宜为30.0m；轻便水龙应配置公称直径25mm有内衬里的消防水带，长度宜为30.0m；

3）宜配置当量喷嘴直径16mm或19mm的消防水枪，但当消火栓设计流量为2.5L/s时宜配置当量喷嘴直径11mm或13mm的消防水枪；消防软管卷盘和轻便水龙应配置当量喷嘴直径6mm的消防水枪。建筑室内消火栓栓口的安装高度应便于消防水龙带的连接和使用，其距地面高度宜为1.1m；其出水方向应便于消防水带的敷设，并宜与设置消火栓的墙面成90°或向下。设置室内消火栓的建筑，包括设备层在内的各层均应设置消火栓。室内消火栓的布置应满足同一平面有2支消防水枪的2股充实水柱同时达到任何部位的要求，但建筑高度小于或等于24.0m且体积小于或等于5000m^3的多层仓库、建筑高度小于或等于54m且每单元设置一部疏散楼梯的住宅等可采用1支消防水枪的场所，可采用1支消防水枪的1股充实水柱到达室内任何部位。

建筑室内消火栓的设置位置应满足火灾扑救要求，并应符合下列规定：

1）室内消火栓应设置在楼梯间及其休息平台和前室、走道等明显易于取用，以及便于火灾扑救的位置；

2）住宅的室内消火栓宜设置在楼梯间及其休息平台；

3）汽车库内消火栓的设置不应影响汽车的通行和车位的设置，并应确保消火栓的开启；

4）同一楼梯间及其附近不同层设置的消火栓，其平面位置宜相同；

5）冷库的室内消火栓应设置在常温穿堂或楼梯间内。

室内消火栓宜按直线距离计算其布置间距，并应符合下列规定：

1）消火栓按 2 支消防水枪的 2 股充实水柱布置的建筑物，消火栓的布置间距不应大于 30.0m；

2）消火栓按 1 支消防水枪的 1 股充实水柱布置的建筑物，消火栓的布置间距不应大于 50.0m。

消火栓的设计流量不应小于表 7-49 的规定。

表 7-49　建筑物室内消火栓的设计流量

建筑物名称			高度 h/m、体积 V/m³、火灾危险性			消火栓设计流量/(L/s)	同时使用消防水枪数/支	每根竖管最小流量/(L/s)
工业建筑	厂房		$h \leq 24$	甲、乙、丁、戊		10	2	10
				丙	$V \leq 5000$	10	2	10
					$V > 5000$	20	4	15
			$24 < h \leq 50$	乙、丁、戊		25	5	15
				丙		30	6	15
民用建筑	单层及多层	办公楼、教学楼、公寓、宿舍等其他建筑	高度超过 15m 或 $V > 10000$			15	3	10

注：1. 丁、戊类高层厂房室内消火栓的设计流量可按本表减少 10L/s，同时使用消防水枪数量可按本表减少 2 支；

2. 消防软管卷盘、轻便消防水龙及多层住宅楼梯间中的干式消防竖管，其消火栓设计流量可不计入室内消防给水设计流量；

3. 当一座多层建筑有多种使用功能时，室内消火栓设计流量应分别按本表中不同功能计算，且应取最大值。

建筑物室外消火栓设计流量，应根据建筑物的用途功能、体积、耐火等级、火灾危险性等因素综合分析确定。建筑物室外消火栓设计流量不应小于表 7-50 设计流量。建筑室外消火栓的数量应根据室外消火栓设计流量和保护半径经计算确定，保护半径不应大于 150.0m，每个室外消火栓的出流量宜按 10～15L/s 计算。

表 7-50　建筑物室外消火栓的设计流量

耐火等级	建筑物名称及类别			$V \leq 1500$、$1500 < V \leq 3000$	$3000 < V \leq 5000$	$5000 < V \leq 20000$	$20000 < V \leq 50000$	$V > 50000$
一、二级	工业建筑	厂房	丙	15	20	25	30	40
			丁、戊	15				20
		仓库	丙	15	25		35	45
			丁、戊	15				20
	民用建筑	公共建筑	单层及多层	15		25	30	40
			高层	—		25	30	40

不同场所消火栓系统和固定冷却水系统的火灾延续时间不应小于表 7-51 的规定。

表 7-51　不同场所消火栓系统和固定冷却水系统的火灾延续时间

建　筑　物			场所及火灾危险性	火灾延续时间/h
建筑物	工业建筑	厂房	甲、乙、丙类厂房	3.0
			丁、戊类厂房	2.0
		仓库	甲、乙、丙类仓库	3.0
			丁、戊类仓库	2.0
	民用建筑	公共建筑	高层建筑中的商业楼、展览楼、综合楼、建筑高度大于 50m 的财贸金融楼、图书馆、书库、重要的档案楼、科研楼和高级宾馆等	3.0
			其他公共建筑	2.0

室内消防管道管径应根据系统设计流量、流速和压力要求经计算确定；室内消火栓竖管管径应根据竖管最低流量经计算确定，但不应小于 DN100。室内消火栓给水管网宜与自动喷水等其他水灭火系统的管网分开设置；当合用消防泵时，供水管路沿水流方向应在报警阀前分开设置。消防给水管道的设计流速不宜大于 2.5m/s，自动水灭火系统管道设计流速，应符合 GB 50084—2017《自动喷水灭火系统设计规范》、GB 50151—2010《泡沫灭火系统设计规范》、GB 50219—2014《水喷雾灭火系统设计规范》和 GB 50338—2003《固定消防炮灭火系统设计规范》的有关规定，但任何消防管道的给水流速不应大于 7m/s。

消防给水的设计压力应满足所服务的各种水灭火系统最不利点处水灭火设施的压力要求。消防给水管道单位长度管道沿程水头损失应根据管材、水力条件等因素选择，可按式（7-36）~式（7-40）计算。

$$i = 10^{-6}\frac{\lambda}{d_i}\frac{\rho v^2}{2} \tag{7-36}$$

$$\frac{1}{\sqrt{\lambda}} = -2.0\lg\left(\frac{2.51}{R_e\sqrt{\lambda}} + \frac{\varepsilon}{3.71d_i}\right) \tag{7-37}$$

$$R_e = \frac{v d_i \rho}{\mu} \tag{7-38}$$

$$\mu = \rho \nu \tag{7-39}$$

$$\nu = \frac{1.775 \times 10^{-4}}{1 + 0.0337T + 0.000221T^2} \tag{7-40}$$

式中　i——单位长度管道沿程水头损失（MPa/m）；

d_i——管道的内径（m）；

v——管道内水的平均流速（m/s）；

ρ——水的密度（kg/m^3）；

λ——沿程损失阻力系数；

ε——当量粗糙度，可按表 10. 1. 2 取值（m）；

R_e——雷诺数，无量纲；

μ——水的动力黏滞系数（Pa/s）；

ν——水的运动黏滞系数（m^2/s）；

T——水的温度，宜取 10℃。

室内外输配水管道可按式（7-41）计算：

$$i = 2.9960 \times 10^{-7}\left(\frac{q^{1.852}}{C^{1.852} d_i^{4.87}}\right) \tag{7-41}$$

式中　C——海澄—威廉系数，可按表 7-52 取值；

q——管段消防给水设计流量（L/s）。

表 7-52　各种管道水头损失计算参数 ε、n_ε、C

管材名称	当量粗糙度 ε/m	管道粗糙系数 n_ε	海澄-威廉系数 C
球墨铸铁管（内衬水泥）	0.0001	0.11 ~ 0.012	130
钢管（旧）	0.0005 ~ 0.001	0.014 ~ 0.018	100
镀锌钢管	0.00015	0.014	120
铜管/不锈钢管	0.00001	—	140
钢丝网骨架 PE 塑料管	0.000010 ~ 0.00003	—	140

消防给水系统管网内水在流动时管道某一点的总压力与速度压力之差，简称动压。消防给水系统管网内水在静止时管道某一点的压力，简称静压。

充实水柱是指由水枪喷嘴起到射流 90% 的水柱水量穿过 380mm 圆孔处的一段密实水柱，其长度称为充实水柱长度。计算公式如下：

$$S_k = \frac{H_1 - H_2}{\mathrm{Sin}a} \tag{7-42}$$

式中　S_k——充实水柱长度（m）；

H_1——室内最高着火点距地面高度（m）；

H_2——水枪喷嘴距地面高度（m），一般取 1m；

a——水枪与地平面之间的夹角，一般取 45°，最大不应超过 60°。

室内消火栓栓口压力和消防水枪充实水柱，应符合下列规定：

1）消火栓栓口动压力不应大于 0. 50MPa；当大于 0. 70MPa 时必须设置减压装置；

2）高层建筑、厂房、库房和室内净空高度超过 8m 的民用建筑等场所，消火栓栓口动压不应小于 0. 35MPa，且消防水枪充实水柱应按 13m 计算；其他场所，消火栓栓口动压不应小于 0. 25MPa，且消防水枪充实水柱应按 10m 计算。

消火栓保护半径计算公式：

$$R_0 = k_3 L_d + L_s \tag{7-43}$$

式中　R_0——消火栓保护半径（m）；

k_3——消防水带弯曲折减系数，宜根据消防水带转弯数量取0.8～0.9；

L_d——消防水带长度（m）；

L_s——水枪充实水柱长度在平面上的投影长度。按水枪倾角为45°时计算，取$0.71S_k$（m）；S_k为水枪充实水柱长度（m）。

临时高压消防给水系统的高位消防水箱的有效容积应满足初期火灾消防用水量的要求，工业建筑室内消防给水设计流量当小于或等于25L/s时，不应小于$12m^3$，大于25L/s时，不应小于$18m^3$。高位消防水箱可采用热浸锌镀锌钢板、钢筋混凝土、不锈钢板等建造。

消防水泵或消防给水所需要的设计扬程或设计压力，宜按下式计算：

$$P = k_2(\sum P_f + \sum P_p) + 0.01H + P_0 \tag{7-44}$$

式中 P——消防水泵或消防给水系统所需要的设计扬程或设计压力（MPa）；

k_2——安全系数，可取1.20～1.40；宜根据管道的复杂程度和不可预见发生的管道变更所带来的不确定性；

H——当消防水泵从消防水池吸水时，H为最低有效水位至最不利水灭火设施的几何高差；当消防水泵从市政给水管网直接吸水时，H为火灾时市政给水管网在消防水泵入口处的设计压力值的高程至最不利水灭火设施的几何高差（m）；

P_0——最不利点水灭火设施所需的设计压力（MPa）。

计算步骤选最不利消火栓和最不利立管，确定计算管路。环状网，假设某端发生故障，按枝状计算。

按消防规范规定，分配室内消防流量。（注意：建筑内同时发生火灾的次数为1次，着火点1处）

求出计算管路上各消火栓的消防射流量及栓口压力。

在消防管道的流速允许的范围内确定管径。

求出水头损失；选加压设备。

水箱供水：从水箱出水口到最不利点算，已确定水箱安装高度，选补压设备。

水泵供水：从水池液面到最不利点求，选泵的扬程。

（3）建筑灭火器

灭火器配置场所的火灾种类应根据该场所内的物质及其燃烧特性进行分类。根据GB 50140—2005《建筑灭火器配置设计规范》可知，灭火器配置场所的火灾种类可划分为以下五类：A类火灾：固体物质火灾；B类火灾：液体火灾或可熔化固体物质火灾；C类火灾：气体火灾；D类火灾：金属火灾；E类火灾（带电火灾）：物体带电燃烧的火灾。

灭火器的选择应考虑下列因素：

1）灭火器配置场所的火灾种类；

2）灭火器配置场所的危险等级；

3）灭火器的灭火效能和通用性；

4）灭火剂对保护物品的污损程度；

5）灭火器设置点的环境温度；

6）使用灭火器人员的体能。

灭火器应设置在位置明显和便于取用的地点，且不得影响安全疏散。一个计算单元内配置的灭火器数量不得少于2具。每个设置点的灭火器数量不宜多于5具。

A类火灾场所灭火器的最低配置基准应符合表7-53的规定。

表7-53　A类火灾场所灭火器最低配置基准

危险等级	严重危险级	中危险级	轻危险级
单具灭火器最小配置灭火级别	3A	2A	1A
单位灭火级别最大保护面积/(m^2/A)	50	75	100

B、C类火灾场所灭火器的最低配置基准应符合表7-54的规定。

表7-54　B、C类火灾场所灭火器最低配置基准

危险等级	严重危险级	中危险级	轻危险级
单具灭火器最小配置灭火级别	89B	55B	21B
单位灭火级别最大保护面积（m^2/B）	0.5	1.0	1.5

D类火灾场所的灭火器最低配置基准应根据金属的种类、物态及其特性等研究确定。

E类火灾场所的灭火器最低配置基准不应低于该场所内A类（或B类）火灾的规定。

建筑灭火器配置设置计算：

$$Q = K\frac{S}{U} \tag{7-45}$$

式中　Q——计算单元的最小需配灭火级别（A或B）；

S——计算单元的保护面积（m^2）；

U——A类或B类火灾场所单位灭火级别最大保护面积（m^2/A或m^2/B）；

K——修正系数，修正系数按表7-55取值。

表7-55　修正系数取值

计算单元	K
未设室内消火栓和灭火系统	1.0
设有室内消火栓系统	0.9
设有灭火系统	0.7
设有室内消火栓系统和灭火系统	0.5
可燃物露天堆场 甲、乙、丙类液体储罐区 可燃气体储罐区	0.3

计算单元中每个灭火器设置点的最小需配灭火级别应按下式计算：

$$Q_c = \frac{Q}{N} \tag{7-46}$$

7.11.3 防排烟设施

GB 50016—2014《建筑设计防火规范（2018 年版）》规定了需要设置防排烟设施的场所和部位。建筑的下列场所或部位应设置防烟设施：

1）防烟楼梯间及其前室；

2）消防电梯间前室或合用前室。

建筑高度不大于 50m 的公共建筑、厂房、仓库和建筑高度不大于 100m 的住宅建筑，当其防烟楼梯间的前室或合用前室符合下列条件之一时，楼梯间可不设置防烟系统：

1）前室或合用前室采用敞开的阳台、凹廊；

2）前室或合用前室具有不同朝向的可开启外窗，且可开启外窗的面积满足自然排烟口的面积要求。

厂房或仓库的下列场所或部位应设置排烟设施：

1）人员或可燃物较多的丙类生产场所，丙类厂房内建筑面积大于 $300m^2$ 且经常有人停留或可燃物较多的地上房间；

2）建筑面积大于 $5000m^2$ 的丁类生产车间；

3）占地面积大于 $1000m^2$ 的丙类仓库；

4）高度大于 32m 的高层厂房（仓库）内长度大于 20m 的疏散走道，其他厂房（仓库）内长度大于 40m 的疏散走道。

民用建筑的下列场所或部位应设置排烟设施：

1）设置在一、二、三层且房间建筑面积大于 $100m^2$ 的歌舞娱乐放映游艺场所，设置在四层及以上楼层、地下或半地下的歌舞娱乐放映游艺场所；

2）中庭；

3）公共建筑内建筑面积大于 $100m^2$ 且经常有人停留的地上房间；

4）公共建筑内建筑面积大于 $300m^2$ 且可燃物较多的地上房间；

5）建筑内长度大于 20m 的疏散走道。

地下或半地下建筑（室）、地上建筑内的无窗房间，当总建筑面积大于 $200m^2$ 或一个房间建筑面积大于 $50m^2$，且经常有人停留或可燃物较多时，应设置排烟设施。

GB 51251—2017《建筑防烟排烟系统技术标准》适用于新建、扩建和改建的工业与民用建筑的防烟、排烟系统的设计、施工、验收及维护管理。建筑防烟、排烟系统的设计，应结合建筑的特性和火灾烟气的发展规律等因素，采取有效的技术措施，做到安全可靠、技术先进、经济合理。建筑防烟、排烟系统的设备，应选用符合国家现行有关标准和有关准入制度的产品。GB 51251—2017 中关于自然通风防烟设施的要求如下：

1）采用自然通风方式的封闭楼梯间、防烟楼梯间，应在最高部位设置面积不小于

1.0m²的可开启外窗或开口；当建筑高度大于10m时，尚应在楼梯间的外墙上每5层内设置总面积不小于2.0m²的可开启外窗或开口，且布置间隔不大于3层。

2）前室采用自然通风方式时，独立前室、消防电梯前室可开启外窗或开口的面积不应小于2.0m²，共用前室、合用前室不应小于3.0m²。

3）采用自然通风方式的避难层（间）应设有不同朝向的可开启外窗，其有效面积不应小于该避难层（间）地面面积的2%，且每个朝向的面积不应小于2.0m²。

4）可开启外窗应方便直接开启，设置在高处不便于直接开启的可开启外窗应在距地面高度为1.3~1.5m的位置设置手动开启装置。

GB 51251—2017中关于机械加压送风防烟设施的要求如下：

1）采用机械加压送风系统的防烟楼梯间及其前室应分别设置送风井（管）道，送风口（阀）和送风机。

2）建筑高度小于或等于50m的建筑，当楼梯间设置加压送风井（管）道确有困难时，楼梯间可采用直灌式加压送风系统。

3）设置机械加压送风系统的楼梯间的地上部分与地下部分，其机械加压送风系统应分别独立设置。

4）机械加压送风风机宜采用轴流风机或中、低压离心风机，其设置应符合下列规定：

① 送风机的进风口应直通室外，且应采取防止烟气被吸入的措施。

② 送风机的进风口宜设在机械加压送风系统的下部。

③ 送风机的进风口不应与排烟风机的出风口设在同一面上。当确有困难时，送风机的进风口与排烟风机的出风口应分开布置，且竖向布置时，送风机的进风口应设置在排烟出口的下方，其两者边缘最小垂直距离不应小于6.0m；水平布置时，两者边缘最小水平距离不应小于20.0m。

④ 送风机宜设置在系统的下部，且应采取保证各层送风量均匀性的措施。

⑤ 送风机应设置在专用机房内，送风机房并应符合现行国家标准《建筑设计防火规范》GB 50016的规定。

⑥ 当送风机出风管或进风管上安装单向风阀或电动风阀时，应采取火灾时自动开启阀门的措施。

5）加压送风口的设置应符合下列规定：

① 除直灌式加压送风方式外，楼梯间宜每隔2~3层设一个常开式百叶送风口；

② 前室应每层设一个常闭式加压送风口，并应设手动开启装置；

③ 送风口的风速不宜大于7m/s；

④ 送风口不宜设置在被门挡住的部位。

6）机械加压送风系统应采用管道送风，且不应采用土建风道。送风管道应采用不燃材料制作且内壁应光滑。当送风管道内壁为金属时，设计风速不应大于20m/s；当送风管道内壁为非金属时，设计风速不应大于15m/s；送风管道的厚度应符合GB 50243—2016《通风与空调工程施工质量验收规范》的规定。

7）机械加压送风管道的设置和耐火极限应符合下列规定：

① 竖向设置的送风管道应独立设置在管道井内，当确有困难时，未设置在管道井内或与其他管道合用管道井的送风管道，其耐火极限不应低于1.00h；

② 水平设置的送风管道，当设置在吊顶内时，其耐火极限不应低于0.50h；当未设置在吊顶内时，其耐火极限不应低于1.00h。

8）机械加压送风系统的管道井应采用耐火极限不低于1.00h的隔墙与相邻部位分隔，当墙上必须设置检修门时应采用乙级防火门。

9）采用机械加压送风的场所不应设置百叶窗，且不宜设置可开启外窗。

10）设置机械加压送风系统的封闭楼梯间、防烟楼梯间，尚应在其顶部设置不小于1m^2的固定窗。靠外墙的防烟楼梯间，尚应在其外墙上每5层内设置总面积不小于2m^2的固定窗等。

GB 51251—2017中关于自然排烟设施的要求如下：

1）采用自然排烟系统的场所应设置自然排烟窗（口）。

2）防烟分区内自然排烟窗（口）的面积、数量、位置应按相应规定经计算确定，且防烟分区内任一点与最近的自然排烟窗（口）之间的水平距离不应大于30m。当工业建筑采用自然排烟方式时，其水平距离尚不应大于建筑内空间净高的2.8倍；当公共建筑空间净高大于或等于6m，且具有自然对流条件时，其水平距离不应大于37.5m。

3）自然排烟窗（口）应设置在排烟区域的顶部或外墙，并应符合下列规定：

① 当设置在外墙上时，自然排烟窗（口）应在储烟仓以内，但走道、室内空间净高不大于3m的区域的自然排烟窗（口）可设置在室内净高度的1/2以上；

② 自然排烟窗（口）的开启形式应有利于火灾烟气的排出；

③ 当房间面积不大于200m^2时，自然排烟窗（口）的开启方向可不限；

④ 自然排烟窗（口）宜分散均匀布置，且每组的长度不宜大于3.0m；

⑤ 设置在防火墙两侧的自然排烟窗（口）之间最近边缘的水平距离不应小于2.0m。

4）厂房、仓库的自然排烟窗（口）设置尚应符合下列规定：

① 当设置在外墙时，自然排烟窗（口）应沿建筑物的两条对边均匀设置；

② 当设置在屋顶时，自然排烟窗（口）应在屋面均匀设置且宜采用自动控制方式开启；当屋面斜度小于或等于12°时，每200m^2的建筑面积应设置相应的自然排烟窗（口）；当屋面斜度大于12°时，每400m^2的建筑面积应设置相应的自然排烟窗（口）。

5）除本标准另有规定外，自然排烟窗（口）开启的有效面积尚应符合下列规定：

① 当采用开窗角大于70°的悬窗时，其面积应按窗的面积计算；当开窗角小于或等于70°时，其面积应按窗最大开启时的水平投影面积计算。

② 当采用开窗角大于70°的平开窗时，其面积应按窗的面积计算；当开窗角小于或等于70°时，其面积应按窗最大开启时的竖向投影面积计算。

③ 当采用推拉窗时，其面积应按开启的最大窗口面积计算。

④ 当采用百叶窗时，其面积应按窗的有效开口面积计算。

⑤ 当平推窗设置在顶部时，其面积可按窗周长的1/2与平推距离乘积计算，且不应大于窗面积。

⑥ 当平推窗设置在外墙时，其面积可按窗周长的1/4与平推距离乘积计算，且不应大于窗面积。

6）自然排烟窗（口）应设置手动开启装置，设置在高位不便于直接开启的自然排烟窗（口），应设置距地面高度1.3~1.5m的手动开启装置。净空高度大于9m的中庭、建筑面积大于2000m^2的营业厅、展览厅、多功能厅等场所，尚应设置集中手动开启装置和自动开启设施。

GB 51251—2017中关于机械排烟设施的要求如下：

1）当建筑的机械排烟系统沿水平方向布置时，每个防火分区的机械排烟系统应独立设置。

2）排烟系统与通风、空气调节系统应分开设置；当确有困难时可以合用，但应符合排烟系统的要求，且当排烟口打开时，每个排烟合用系统的管道上需联动关闭的通风和空气调节系统的控制阀门不应超过10个。

3）排烟风机宜设置在排烟系统的最高处，烟气出口宜朝上，并应高于加压送风机和补风机的进风口。

4）排烟风机应设置在专用机房内，风机两侧应有600mm以上的空间。对于排烟系统与通风空气调节系统共用的系统，其排烟风机与排风风机的合用机房应符合下列规定：

① 机房内应设置自动喷水灭火系统；

② 机房内不得设置用于机械加压送风的风机与管道；

③ 排烟风机与排烟管道的连接部件应能在280℃时连续30min保证其结构完整性。

5）排烟风机应满足280℃时连续工作30min的要求，排烟风机应与风机入口处的排烟防火阀连锁，当该阀关闭时，排烟风机应能停止运转。

6）机械排烟系统应采用管道排烟，且不应采用土建风道。排烟管道应采用不燃材料制作且内壁应光滑。当排烟管道内壁为金属时，管道设计风速不应大于20m/s；当排烟管道内壁为非金属时，管道设计风速不应大于15m/s；排烟管道的厚度应按GB 50243—2016《通风与空调工程施工质量验收规范》的有关规定执行。

7）排烟管道的设置和耐火极限应符合下列规定：

① 排烟管道及其连接部件应能在280℃时连续30min保证其结构完整性。

② 竖向设置的排烟管道应设置在独立的管道井内，排烟管道的耐火极限不应低于0.50h。

③ 水平设置的排烟管道应设置在吊顶内，其耐火极限不应低于0.50h；当确有困难时，可直接设置在室内，但管道的耐火极限不应小于1.00h。

④ 设置在走道部位吊顶内的排烟管道，以及穿越防火分区的排烟管道，其管道的耐火极限不应小于1.00h，但设备用房和汽车库的排烟管道耐火极限可不低于0.50h。

8）当吊顶内有可燃物时，吊顶内的排烟管道应采用不燃材料进行隔热，并应与可燃物保持不小于 150mm 的距离。

9）排烟管道下列部位应设置排烟防火阀：

① 垂直风管与每层水平风管交接处的水平管段上；

② 一个排烟系统负担多个防烟分区的排烟支管上；

③ 排烟风机入口处；

④ 穿越防火分区处。

10）设置排烟管道的管道井应采用耐火极限不小于 1.00h 的隔墙与相邻区域分隔；当墙上必须设置检修门时，应采用乙级防火门。

11）排烟口的设置应按相应条款经计算确定，且防烟分区内任一点与最近的排烟口之间的水平距离不应大于 30m。除本标准相应规定的情况以外，排烟口的设置尚应符合下列规定：

① 排烟口宜设置在顶棚或靠近顶棚的墙面上。

② 排烟口应设在储烟仓内，但走道、室内空间净高不大于 3m 的区域，其排烟口可设置在其净空高度的 1/2 以上；当设置在侧墙时，吊顶与其最近边缘的距离不应大于 0.5m。

③ 对于需要设置机械排烟系统的房间，当其建筑面积小于 $50m^2$ 时，可通过走道排烟，排烟口可设置在疏散走道；排烟量应按本标准相应条款计算。

④ 火灾时由火灾自动报警系统联动开启排烟区域的排烟阀或排烟口，应在现场设置手动开启装置。

⑤ 排烟口的设置宜使烟流方向与人员疏散方向相反，排烟口与附近安全出口相邻边缘之间的水平距离不应小于 1.5m。

⑥ 每个排烟口的排烟量不应大于最大允许排烟量，最大允许排烟量应按 GB 50243—2016 第 4.6.14 条的规定计算确定。

⑦ 排烟口的风速不宜大于 10m/s。

12）当排烟口设在吊顶内且通过吊顶上部空间进行排烟时，应符合下列规定：

① 吊顶应采用不燃材料，且吊顶内不应有可燃物；

② 封闭式吊顶上设置的烟气流入口的颈部烟气速度不宜大于 1.5m/s。

③ 非封闭式吊顶的开孔率不应小于吊顶净面积的 25%，且孔洞应均匀布置。

13）固定窗的布置应符合下列规定：

① 非顶层区域的固定窗应布置在每层的外墙上；

② 顶层区域的固定窗应布置在屋顶或顶层的外墙上，但未设置自动喷水灭火系统的以及采用钢结构屋顶或预应力钢筋混凝土屋面板的建筑应布置在屋顶。

14）固定窗的设置和有效面积应符合下列规定：

① 设置在顶层区域的固定窗，其总面积不应小于楼地面面积的 2%。

② 设置在靠外墙且不位于顶层区域的固定窗，单个固定窗的面积不应小于 $1m^2$，且间距不宜大于 20m，其下沿距室内地面的高度不宜小于层高的 1/2。供消防救援人员进入的窗口面积不计入固定窗面积，但可组合布置。

③ 设置在中庭区域的固定窗，其总面积不应小于中庭楼地面面积的5%。

④ 固定玻璃窗应按可破拆的玻璃面积计算，带有温控功能的可开启设施应按开启时的水平投影面积计算。

15）固定窗宜按每个防烟分区在屋顶或建筑外墙上均匀布置且不应跨越防火分区。

7.11.4　安全措施

气体灭火系统安全措施要求：防护区应有保证人员在30s内疏散完毕的通道和出口。防护区的门应向疏散方向开启，并能自行关闭；用于疏散的门必须能从防护区内打开。设有气体灭火系统的场所，宜配置空气呼吸器，用于防止在灭火剂释放时有人来不及疏散以及防止营救人员窒息的情况下。

电子信息系统机房应有防鼠害和防虫害措施。

参考文献

[1] 中国电子工程设计院. 电子工程节能设计规范：GB 50710—2011 [S]. 北京：中国计划出版社，2012.

[2] 中华人民共和国住房和城乡建设部. 民用建筑统一设计标准：GB 50352—2019 [S]. 北京：中国建筑工业出版社，2019.

[3] 中国机械工业联合会. 建筑地面设计规范：GB 50037—2013 [S]. 北京：中国计划出版社，2013.

[4] 中国建筑标准设计研究院. 国家建筑标准设计图集 12J304 楼地面建筑构造 [M]. 北京：中国计划出版社，2012.

[5] TIA Telecommunications Industry Association. TIA942-B：Telecommunications Infrastructure Standard for Data Centers [S]. Arlington：TIA Telecommunications Industry Association Technology and Standards Department，2017.

[6] 公安部天津消防研究所. 建筑设计防火规范（2018年版）：GB 50016—2014 [S]. 北京：中国计划出版社，2018.

[7] 中国建筑科学研究院. 民用建筑供暖通风与空气调节设计规范：GB 50736—2012 [S]. 北京：中国建筑工业出版社，2012.

[8] 中国建筑科学研究院. 公共建筑节能设计标准：GB 50189—2015 [S]. 北京：中国建筑工业出版社，2015.

[9] 中关村云计算产业联盟，等. 数据中心节能设计规范：DB11/T 1282—2015 [S]. 北京：北京市质量技术监督局，2015.

[10] 中国建筑科学研究院. 建筑内部装修设计防火规范：GB 50222—2017 [S]. 北京：中国计划出版社，2017.

[11] 中国机房设施工程有限公司. 数据中心基础设施施工及验收规范：GB 50462—2015 [S]. 北京：中国计划出版社，2015.

[12] 中国建筑标准设计研究院. 国家建筑标准设计图集 12J502-2 内装修—室内吊顶 [M]. 北京：中国计划出版社，2012.

[13] 中国建筑科学研究院. 民用建筑供暖通风与空气调节设计规范：GB 50736—2012 [S]. 北京：中国建筑工业出版社，2012.

[14] 中国建筑标准设计研究院. 国家建筑标准设计图集 18DX009 数据中心工程设计与安装 [M]. 北京: 中国计划出版社. 2018.

[15] 住房和城乡建设部工程质量安全监管司, 中国建筑标准设计研究院. 全国民用建筑工程设计技术措施: 2009 年版. 建筑产品选用技术. 暖通空调 · 动力 [M]. 北京: 中国计划出版社, 2009.

[16] 北京玻璃钢研究技术院, 等. 玻璃纤维增强塑料冷却塔 第 1 部分: 中小型玻璃纤维增强塑料冷却塔: GB/T 7190. 1—2008 [S]. 北京: 中国标准出版社.

[17] 上海市城乡建设和交通委员会. 建筑给水排水设计规范 (2009 年版): GB 50015—2003 [S]. 中国计划出版社, 2010.

[18] 中国标准化研究院, 等. 清水离心泵能效限定值及节能评价值: GB 19762—2007 [S]. 中国标准出版社, 2007.

[19] 北京市建筑设计研究院有限公司. 公共建筑节能设计标准: DB11/687—2015 [S]. 北京: 北京市质量技术监督局, 2015.

[20] 全国能源基础与管理标准化技术委员会. 冷水机组能效限定值及能效等级: GB 19577—2015 [S]. 中国标准出版社, 2015.

[21] 全国锅炉压力容器标准化技术委员会. 板式热交换器 第 1 部分: 可拆卸板式热交换器: NB/T 47004. 1—2017 [S]. 北京: 新华出版社, 2017.

[22] 中国建筑标准设计研究院. 国家建筑标准设计图集 14R105 换热器选用与安装 [M]. 北京: 中国计划出版社, 2014.

[23] 中国工程建设标准化协会信息通信专业委员会. 数据中心制冷与空调设计标准 : T/CECS 487—2017 [S]. 北京: 中国计划出版社, 2017.

[24] 中国机械工业联合会. 计算机和数据处理机房用单元式空气调节机: GB/T 19413—2010 [S]. 北京: 中国标准出版社, 2010;

[25] 中国建筑标准设计研究院. 国家建筑标准设计图集 05K210 采暖空调循环水系统定压 [M]. 北京: 中国计划出版社, 2005.

[26] 中国工业机械联合会. 通风机基本型式、尺寸参数及性能曲线: GB/T 3235—2008 [S]. 北京: 中国标准出版社, 2008.

[27] 上海市城乡建设和交通委员会. 建筑给水排水设计规范 (2009 年版): GB 50015—2003 [S] 北京: 中国计划出版社, 2010.

[28] 中国中元国际工程公司. 消防给水及消火栓系统技术规范: GB 50974—2014 [S]. 北京: 中国计划出版社, 2014.

[29] 中华人民共和国公安部. 建筑灭火器配置设计规范: GB 50140—2005 [S]. 北京: 中国计划出版社, 2005.

第8章 数据中心运维案例

8.1 某南方数据中心选址及设备布置规划分析

某南方数据中心占地1.2万m^2，投入机柜数据1000余台。属于企业自用型数据中心，为了便于开展工作，规划于该企业总部附近。以A级机房标准建造，在建设初期通过论证。在即将建成时，请行业内专家对数据中心进行现场考察。专家现场考察后发现，该建筑是一个五层建筑，地下一层是冷站，地上一层、二层为配电区域。三层、四层规划为数据中心机房使用。数据中心旁边是自用餐厅，数据中心与其他建筑连接柱建有停车场。数据中心两路市电来自附近不同的两个变电站，水源充足。柴油发电机房建于地上一层配电区域，共六台发电机。配电区域、空调区域分区明确设计合理。经过现场业内专家对数据中心的初步考察。向数据中心规划部门提出了部分建议。

针对本案的分析：

GB 50174—2017对数据中心选址、建设有着明确的要求：

> 4 选址及设备布置
>
> 4.1 选址
>
> 4.1.1 数据中心选址应符合下列要求：
>
> 1 电力供给应充足可靠，通信应快速畅通，交通应便捷；
>
> 2 采用水蒸发冷却方式制冷的数据中心，水源应充足；
>
> 3 自然环境应清洁，环境温度应有利于节约能源；
>
> 4 应远离产生粉尘、油烟、有害气体以及生产或贮存具有腐蚀性、易燃、易爆物品的场所；
>
> 5 应远离水灾、地震等自然灾害隐患区域；
>
> 6 应远离强振源和强噪声源；
>
> 7 应避开强电磁场干扰；
>
> 8 A级数据中心不宜建在公共停车库的正上方；
>
> 9 大中型数据中心不宜建在住宅小区和商业区内。

> 4.1.2 设置在建筑物内局部区域的数据中心，在确定主机房的位置时，应对安全、设备运输、管线敷设、雷电感应、结构荷载、水患及空调系统室外设备的安装位置等问题进行综合分析和经济比较。

在业内专家现场考察完成后，提出几点意见：

防火：数据中心旁边建有自用餐厅，自用餐厅将使用燃气管线，同时排烟通道离数据中心较近，数据中心防火将放在首要位置，一旦餐厅发生意外火情，将对数据中心运营安全造成严重影响。

防虫防鼠：自用餐厅地处开发区，周边相对空旷，还有未完工的建筑工地，因此防虫防鼠工作将应该得到重视。老鼠喜欢啃咬线缆，易啃咬线缆破损后造成停电、死机事故。

人员进出管理：由于靠近自用餐厅，用餐人员相对复杂，对安全防控提出了要求。需要重点防范人员误闯入设备区域以及冷站区域。

做好冷站的防洪设计：冷站建于地下一层，根据南方偏多降水的环境因素，需要考虑到水患的影响。冷站内设有供制冷设备使用的配电设施以及所有制冷设备。当发生雨水倒灌或制冷管线跑水，地下一层地势低洼，极易积水，同时，不易往外排水。冷站一旦进水所有制冷设施将无法开启，由于制冷设备失效，将造成所有末端水冷空调失效。几分钟后，造成机房内温度急剧上升，设备陆续高温宕机。

发电机噪声、震动对设备的影响：发电机组在启动时将会发出巨大的噪音，以及震动。因为需要定期对发电机组进行维护和测试，影响最大的是启动后引起的震动，由于发电机房里核心配电区域较近，发电机启动后的震动将直接影响所有配电设施的安全。震动将造成母排松动、配电线路松动、内部元件松动，轻则造成短路停电，重则将造成短路后引发火灾。另，发电机的巨大噪音不但对人体健康造成损伤，同时，在应急情况下，由于噪声过大，无法进行正常沟通，将会延长应急处置时间。

案例分析：首先，GB 50174—2017 中数据中心的选址“应远离产生粉尘、油烟、有害气体以及生产或贮存具有腐蚀性、易燃、易爆 物品的场所”。从标准来看不满足远离产生油烟以及具有易燃物品的场所。同时，由于油烟四起，机房内的洁净度也很难得到保证。同时，针对防火、防鼠以及人员进出管理等方面的突出问题，建议内部餐厅迁移至离数据中心较远的位置，消除餐厅对数据中心的影响。

其次，鉴于冷站已设置在地下一层，建议增加防洪排水设计，对各个入口处增加防水坝，有效阻挡雨水倒灌，另增强冷站的排水性，一旦发生水患能迅速排水，同时，储备抽水设备辅助快速排水。所有冷站配电柜做垫高处理，防止水进入配电柜造成电路短路及人员触电风险。

发电机房内、外做好降噪防震处理，减少发电机对机房产生的直接影响。

8.2 某数据中心 ISO9000 质量管理体系建设

某数据中心面向对象为大型互联网客户，公司原有 ISO9000 质量管理体系，并已稳定运行三年，有相关管理体系运营经验，需通过ISO20000 IT服务管理体系认证以提升公司整体服务和管理水平以及市场价值。

立项后，公司将具体实施工作交由公司质量部执行。公司管理层布置了实施策略：明确计划、分步实施。质量部制定了详细的管理体系实施计划，分为规划、构架、实施、启动、认证五个环节。各个阶段均有具体的工作任务、里程碑及责任人。

首先，在规划阶段，明确了ISO20000管理体系认证范围，管理方针，通过一系列的问卷调查、访谈等方式对数据中心当前运维情况进行实地调查，了解IT系统的基本架构、管理的体系结构、人员组织架构及工作职责等等，调研过程中基本掌握了IT服务管理流程、流程当中的短板及困难。调研的结果直接纳入差异化分析，分析目前实际工作与管理体系标准之间存着的差距和总结有待改善要点，完成差异性评估报告。同时，根据差异性评估报告制定改进方案，包括了目标、步骤、改进建议等信息。在ISO20000管理体系标准下，与各层级人员讨论改进建议。

其次，在构架阶段，将根据ISO20000中的根据公司运作需要、合同要求、产品特点从ISO9000或其他标准中选择适合于企业的管理体系标准；在此的基础上对选定标准进行必要的增删，提出对IT服务管理体系补充要求。

再次，在实施阶段，将对公司整体流程进行；建制、优化流程，依据公司实际运作确定本地化的改进方案实施流程再造（建制），不断贴近ISO/IEC20000-1：2005标准要求。并根据体系标准和要素制定公司体系文件清单及需新编制的文件（清单）。新编写文件（清单）交由各职责部门完成文件的编写。

然后，在启动阶段，流程一旦编写完成后，将进入试运行验证阶段，收集运行数据，进行内审、管理评审，确保流程能正常有效执行，为顺利通过认证打下基础。为确保生产运行安全、稳定，标准实施将采取循序渐进方式实行，即工作流程编制完成一个，调整、实施一个。

最后，在认证阶段，认证审核阶段包括了预审，总结预审结果制定调整方案，正式审核，正式审核后的改进工作。预审通过预审核的方式发现不符项；使公司适应审核过程。总结预审结果制定调整方案是通过预审核找出当前仍然存在的差距；制定短期的调整方案，力求差距在短时间内弥补。最终确保公司顺利通过正式审核。

8.3　某数据机房A级数据中心电力故障分析

某数据中心按A级标准建造，在运行过程中一个机房单元发生单路失电故障，故障导致该机房单元业务中断。

经现场检查发现，故障起因是该机房单元A、B两路供电中A路供电的UPS发生故障，导致A路电源中断，机房单元中的用电负荷大部分为双电源负荷，但也有一部分单电源负载，故障发生时，连接在A路的单电源负荷失电停止工作，部分双电源负荷由于将双电源模块全部接在A路上，也失电停止工作，最终导致该机房单元业务运行中断。

通常只有非常重要的业务类型才会选择使用A级标准的数据中心，业务中断后果十分严重。

GB 50174—2017条目3.1.2中对A级机房分级定义：

> 1. 电子信息系统运行中断将造成重大的经济损失；
> 2. 电子信息系统运行中断将造成公共场所秩序严重混乱。

针对本案例的分析：

1）GB 50174—2017　条目3.2.1中规定：

> A级数据中心的基础设施宜按容错系统配置，在电子信息系统运行期间，基础设施应在一次意外事故后或单系统设备维护或检修时仍能保证电子信息系统正常运行。

该数据中心按A级机房标准建造，由双重电源供电并设置有应急电源。其中双重电源在GB 50174—2017条目2.0.38中的定义是

> 一个负荷的电源是由两个电路提供的，这两个电路就安全供电而言被认为是相互独立的。

设置双重电源的目的是当一个电路发生故障时，另一个电路应能保证全部负荷正常工作。

为保证机房单元内的负荷可以使用双重电源，双电源负荷应配置双电源模块，且两个电源模块应分别由两个供电线路提供。单电源负荷应配置静态转换开关（STS），且静态转换开关（STS）的两路进线应分别由两个供电线路提供，从而保证机房单元内的负荷可以在双重电源间不间断切换。

故障发生时，由于该机房单元内的单路负荷并没有配置静态转换开关，部分双电源负荷的两个电源模块全部接在发生故障的A路上。导致负荷无法实现在双重电源间不间断切换。

容错的目的是为了提高系统的可靠性，但即使数据中心的基础设施具备容错能力，最终的用电负荷不能很好地匹配容错系统，还是无法保证系统的安全运行。

2）针对本次故障，为保证数据中心用电负荷能够在双重电源间不间断切换，应保证所有单电源负荷配置有静态转换开关（STS），双电源负荷接线正确。在用电负荷投运前以及投运后的安全窗口期定期进行A、B路切换测试。

不间断电源系统（UPS）系统是数据中心电气系统的重要组成环节之一，GB 50174—2017条目2.0.40中的定义是

> 不间断电源系统（UPS）uninterruptible power system，由变流器、开关和储能装置组合构成的系统，在输入电源正常和故障时，输出交流或直流电源，在一定时间内，维持对负载供电的连续性。

该数据中心的UPS系统按2N配置（N为基本需求），A级数据中心配置UPS的主要目

的是：

① 当双重电源全部失效时备用电源投入运行，在备用电源投入运行前由不间断电源（UPS）为用电负荷提供不低于15min的不间断供电。

② 当电网发生电压浪涌、电压尖峰、电压瞬变、电压跌落、持续过电压或者欠电压等电网质量问题时，保证用电负荷的供电质量。

为该机房单元A、B路供电的UPS组分别由4台UPS并联组成，每组UPS容量均匹配机房用电负荷，正常运行时A、B两组UPS各带50%机房负荷。A路4台UPS中一台UPS发生故障，一般情况下UPS组中一台UPS发生故障时，应该是发生故障的UPS退出运行，只要用电负荷不超过UPS组中其他UPS的容量，并不会影响UPS组供电。然而本次故障发生在UPS输出侧，并导致UPS输出侧短路，因UPS组中所有UPS输出侧为并联结构，进而导致A路整组UPS停机保护，机房单元内用电负荷的A路供电失电。

故障发生后，设备报警信息经由动力环境监控系统传送至总控中心，总控中心通知运行维护人员赶往现场进行故障处理，运维人员通过UPS机组报警信息判断出故障原因，将发生故障的一台UPS从系统中隔离，检查UPS组中其他3台UPS以及供电线路完好后，将3台UPS启动，A路供电恢复。

数据中心的设备发生故障不可能完全避免，重要的是故障发生后能够尽快响应尽快处理，监控系统的可靠性以及运行维护人员的专业性十分重要。应定期检查监控系统传输数据是否准确、传输速度是否符合使用需求，针对不同故障类型制定相应的应急预案，运行维护人员需定期进行应急演练。

8.4　农信银资金清算中心业务连续性体系建设

项目背景：

农信银资金清算中心（以下简称“农信银”）自2006年5月29日正式挂牌成立以来，秉承“立足服务、力行规范、不断创新、寻求发展”的经营理念，运用国内外先进的技术和设备，开发了适应农村金融特点的支付清算系统，为改善农村支付结算环境，更好地服务“三农”做出了积极探索。主要经营范围：办理成员机构及所属网点间实时电子汇兑、银行汇票、个人账户通存通兑等异地资金清算业务，以及经中国人民银行批准的其他支付清算业务。

作为支持社会主义新农村建设的全国性股份制支付清算机构，农信银一直处于业务飞速发展阶段，主要服务对象：全国农村信用社、农村信用联社、农村合作银行、农村商业银行及其他地方性金融机构。由于缺乏系统、应用、数据的快速恢复手段，当重大突发事件发生时，不能有效处置以满足关键业务、关键系统持续运行的需要，影响全局的业务管理。

方案介绍：

本项目结合农信银资金清算中心业务连续性管理现状和成员单位特点，按照国内外业务连续性和灾难恢复管理最佳实践，实施完整的业务连续性建设服务，建立健全农信银业务连续性管理体系。项目分为业务连续性管理体系建设和异地数据中心建设两大部分。

在完成业务连续性框架及配套机制建设的前提下，通过先进的信息化手段全面提高农信银对成员单位的服务水平，保障以农信银支付清算系统、共享网银系统为主的八大重要信息系统的连续服务质量，能够在最短时间内平稳接替重要系统，不间断地保持关键业务连续对外提供服务，大大提升业务连续性管理水平。

服务内容：

中金数据依据《银行业信息系统灾难恢复管理规范》《商业银行业务连续性监管指引》《商业银行数据中心监管指引》，结合农信银现状及特点，开展了全面的业务影响分析和风险分析，在此基础上制定了农信银业务连续性策略及管理办法；并在农信银前期灾备建设既有工作成果的基础上，协助农信银落实总体灾备系统架构规划的规划思路及要求，完成灾备体系的规划设计、落地实施、管理维护等工作；协助梳理和完善应急预案体系，部署CeBCM，利用演练模块于2014年11月组织实施了分支联动的业务应急演练。

主要成果：

《风险分析报告》

《业务影响分析报告》

《IT现状与应用系统分析报告》

《业务连续性策略》

《业务连续性管理办法》

《农信银异地灾备系统详细技术方案》

《农信银应急响应与灾难恢复总体预案》

《农信银信息系统××场景专项预案》

《成员单位××场景专项预案》

《业务连续性演练工作方案》

《业务连续性演练总结报告》

《业务连续性管理培训》

《项目总结报告》

附　　录

数据运维专业人才培养方案

清华大学数据科学研究院　大数据基础设施研究中心
中国电子信息行业联合会　数据中心标准联盟

一、专业名称

数据运维专业（方向）。

二、招生要求

初中毕业或具有同等学力者。

三、基本学制

全日制3年。

四、需求分析

实施国家大数据战略，加快建设数字中国是服务经济社会发展、改善人民生活的重要举措。数据中心是提供大规模数据交换、计算、存储等功能的核心基础设施，是满足大规模数字化、网络化、虚拟化和智能化需求的核心节点，是政务、金融、商务、制造、科研和民生服务等活动开展的重要服务平台。我国数据中心数量众多，从2010年的51万个增加到近100万个，其中中型以上数据中心截至2016年底1721个，总体装机规模达到995.2万台服务器，规划在建数据中心437个，规划装机规模约1000万台，根据Synergy Research的最新数据显示，截至2019年第三季度末，超大规模提供商运营的大型数据中心数量增加到504个，是2013年初以来的三倍。从供给端看，数据中心供给呈现线性增长的态势，与数据的指数级爆发式增长差距逐渐拉大，总体呈现供不应求状态，产业整体增速较快，人才需求缺口较大。

随着大数据产业格局的不断完善，与之配套的数据中心运维的基础人才培养及企业数据化过程中的新型网络管理人才培养将成为一项重要工作。

五、培养目标

数据运维专业建设的目的是让学生掌握数据中心基础运维及云计算技术应用的能力。专业主要面向各类数据中心、数据化转型的传统企业、互联网公司等企事业单位，以数据设备基础运维技能需求为导向，培养具有基本的科学文化素养、良好的职业道德、较强的创新创业能力，掌握系统运维规划、系统监控、系统优化等专业知识与操作技能，保障大数据平台服务的稳定性和可用性，并掌握平台各组件的安装、配置与调试，有良好的系统性能优化及故障排除能力，能够从事的系统管理员、网络管理员、云平台运维工程师、IT运维工程师、Linux运维工程师、数据中心值守等数据中心岗位工作，也可拓展到各个企业的网络维护、云平台运维等工作，具备专业领域的理论基础知识、基本操作技能、职业生涯发展基础和终身学习能力，能胜任大数据基础设施岗位工作的高素质劳动者和中等职业技术技能型人才。

六、培养模式

数据运维专业依托大数据基础设施研究中心的学术科研及数据中心标准联盟优势，坚持服务大数据产业、促进高质量就业的办学理念，结合大数据产业发展实际开展“清华技术与职教共享，产业发展与职教融合”的人才培养模式，建立培养大数据基础人才的协同创新典范。其中，第1、2学期学习公共基础和专业基础课程模块，培养学生的基本素养及专业通用能力；第3、4学期学习专业基础和专业核心课程模块，培养学生的专业核心技能，同时开始考取相应的职业技能证书；第5学期可以根据学生的个人职业发展方向和兴趣爱好，开展专业方向课程；第6学期开展就业前的岗位技能训练。

数据运维人才培养模式流程图如下：

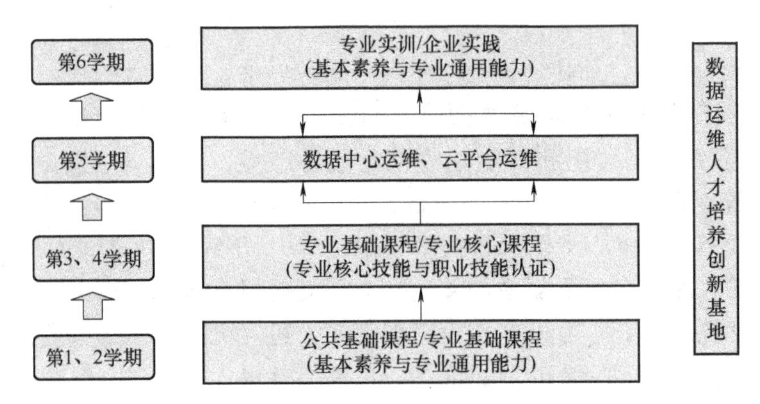

七、人才规格

（一）基本素养

1）具有良好的思想道德和职业道德，吃苦耐劳，爱岗敬业，责任心强，工作执行力强。

2）具有积极的职业竞争和服务意识，能自觉遵守行业法规、规范和企业规章制度。

3）工作参与意识强，具备自信心，身心健康，具有良好的心理承受能力。

4）具有基本的科学与人文素养，具备一定的文化基础及对新知识、新技术的学习能力。

5）具备较强的合理安排任务与及时采取措施解决问题的能力，并形成时间管理的能力。

6）具备规划职业生涯的能力，形成正确的职业观、就业观和诚信意识。

（二）职业能力

1. 专业通用能力

1）了解数据中心服务器各个部件的功能和特点，掌握服务器组成、基本原理、部件选型、维护和维修的基本知识和基本方法，具备故障解决和处理能力。

2）掌握数据中心基础设施层管理的基本概念，了解数据中心辅助设施的基本概念、系统构成、工作原理及节能运行、数据中心能耗指标及节能措施等知识，以及维修的基本知识和维修方法。

3）具备计算机领域中等英语语言能力；能顺利阅读中等语言难度的计算机相关题材的文章，掌握中心大意，掌握对文章进行简单分析、推理、判断和领会作者的观点和态度的能力。

4）掌握数据中心操作系统的基本概念、原理、技术和操作方法；熟悉操作系统控制和管理数据中心计算机系统执行的全过程。

5）深入理解 Windows 网络操作系统，了解 Windows 系统的安装、工作环境的设置、软硬件资源的管理、DNS 和预账户、用户账户和组账户的管理、NTFS 的数据管理、磁盘管理、共享文件及打印服务的配置和使用、Web 服务器与邮件服务器配置、备份与还原等网路搭建和管理工作。

6）掌握计算机网络基础原理，熟悉网络全程的日常操作、维护和管理，具有计算机网络的搭建技术，网络操作系统的安装和服务器配置的能力。

7）熟悉网络管理标准和网络管理平台，网络安全与管理的主要理论、技术及应用，能利用网络工具分析网络中一些常见故障发生的原因并排除故障，具有一定的网络管理和网络维护能力。

8）掌握数据库的基本原理和应用，数据库设计思想，能够使用小型或中型的数据库管理系统完成基本的数据操作，并具备在数据应用管理方面的分析问题、解决问题的能力。

9）了解数据中心建设和运营管理的相关标准，操作规范和流程，服务质量评价体系，包括质量管理体系标准和认证 ISO9001，IT 服务管理体系标准和认证 ISO20000，信息安全管理体系标准和认证 ISO27001，业务连续性管理标准和认证 ISO22301，运营管理成熟度标准和认证 ITSS-DCMG，Uptime Tier 数据中心等级认证体系等。

10）具备数据中心管理平台可视化工具使用能力，掌握 DCIM 系统整合基本知识。

2. 职业拓展能力

1）了解多用户、多任务的网络操作系统，掌握 Linux 操作系统的基础和应用知识，熟悉 Linux 系统的安装、配置、管理维护等基本技能，并熟悉命令行操作、用户管理、磁盘管理、文件系统管理、软件包管理、进程管理、系统监测和系统故障排除；掌握 Linux 操作系统的网络配置、DNS、DHCP、HTTP、FTP、SMTPT 和 Postfix 服务的配置与管理。

2）了解 IT 技术治理和 IT 技术服务标准、IT 技术基础架构库、中国的 IT 技术服务标准、IT 系统运维服务的招标与投标、IT 系统运维服务的组织机构、IT 系统运维服务的用户需求分析和管理、IT 系统运维服务的规划设计、IT 系统运维服务的管理流程等 IT 系统运维服务管理的主要内容和知识体系。

3）了解云计算平台及关键技术，公有云、私有云、混合云的定义，云与物联网概念、云计算安全问题、虚拟化与云计算、云计算数据库等基础理论知识；具备云平台管理、服务架设、数据安全维护、性能优化的云平台运维能力及基于云应用类软件产品的测试、部署、维护等的云服务应用与维护能力。

3. 跨行业职业能力

1）具有适应岗位变化的协调能力。

2）具有团队协作管理及项目管理的基础能力。

3）具有创新与创业的基础能力。

八、职业岗位与能力要求

序号	职业岗位	岗位工作内容	岗位能力要求与基本素质要求
1	IDC 安全值班员	1. 负责 IDC 服务器等硬件的日常维护、服务器基础系统的维护，根据授权完成系统安装、系统故障查看、设备重启、硬件更换等技术性工作 2. 负责 IDC 网络设备等硬件的日常维护、网络基础设施的维护 3. 负责协调厂商、服务商，保障 IDC 的正常运行	1. 能适应 7×24h 轮班，IDC 机房值守，接受机房规范、运维技能的相关培训，负责运维技术支持 2. 专科及以上学历，通信/计算机/软件工程类相关专业毕业 3. 了解 IDC 机房相关业务知识且具备 1 年以上工作经验 4. 具有很强的逻辑思维能力、沟通能力、团队意识、责任心，具备一定的组织能力 5. 具有较强的文档编写能力，熟练使用 Word、Excel、PPT、Visio 等工具
2	硬件运维工程师	1. 负责虚拟化产品的配置，调试、排障等操作能力 2. 负责数据存储等设备的日常管理，掌握词牌存储原理，熟练掌握一种存储备份等软件操作 3. 负责服务器运行维护，满足服务器的部署安装及日常维护管理，能够准确判断服务器出现的报警故障 4. 负责企业网内部机房日常管理，满足机房正常运行要求，对精密空调，UPS，安防系统等方面具有一定工作经验和解决故障的处理能力 5. 参与企业内部网络管理，梳理掌握华三、思科等网络设备配置，调试，排障等操作能力 6. 负责办公电脑的软硬件维护 7. 负责网络、门禁、监控、投影、会议等系统的部署与维护	1. 中专以上学历，计算机或者信息管理相关专业，一年以上硬件运维工作经验优先考虑 2. 细心、稳重，责任心强，专业技术好，服务意识好，能妥善解决各类突发事件

（续）

序号	职业岗位	岗位工作内容	岗位能力要求与基本素质要求
3	网络管理员	1. 公司电话、网络规划和维护 2. 公司办公软硬件维护 3. 进行服务器、路由器及机房设备的运行监控和维护 4. 办公系统平台的运行监控和维护 5. 公司自主开发的平台软件部署实施和维护	1. 中专以上学历，计算机、通信、信息工程等相关专业 2. 熟练掌握主流路由器与交换机的安装和配置 3. 掌握主流硬件防火墙和 VPN 的安装和配置 4. 掌握主流服务器硬件及软件系统安装和配置 5. 具备网络工程和系统集成方面的设计和实施能力 6. 具备良好的沟通和团队合作能力 7. 拥有华为、Cisco 等认证资格者尤佳
4	机房监控专员	1. 设备的监控：按现有规范对机房空调、UPS、电源、监控、安防、消防和弱电设备进行日常状态检查和记录 2. 环境的监控：监控机房的温度、湿度，机房设施环境出现故障告警能够及随时上报并记录 3. 机房环境卫生管理：确保数据中心环境卫生清洁以及机柜、线缆的有序排放 4. 出入访问管理：对数据中心机房进出入的人员、设备进行详细登记，并告知进入人员进入机房应遵循的相关规定 5. 负责机房对机房各类相关设施设备硬件的资产管理 6. 定期参与有关物理安全、消防、火灾等紧急事故演练和应急处理事宜 7. 通过甲方提供的监控工具，监控机柜内的设备或是应用系统的动作状态 8. 定期提供监控记录汇总数据	1. 具有 1 年或以上 IDC 机房运维相关工作经历，内容包括：设备巡检、IDC 机房环境巡检、资产盘查、拥有布设更换网线及光纤经验 2. 中职以上学历，良好的服务意识、沟通能力，责任心强
5	云平台客服	1. 负责阿里云、百度云等云平台在线运营工作 2. 负责跟进客户需求，处理客户的相关问题，对问题进行归纳记录和报告 3. 处理客户使用产品相关数据报表及日常报表的登记跟进 4. 能够独立进行产品测试，领会、阐述云平台产品的特性和设计理念，掌握云平台的操作、使用和产品演示讲解	1. 熟悉云平台或者相关技术 2. 具备较好的沟通、表达能力 3. 对待客户热情、耐心，有意愿从事技术类客服工作 4. 熟练使用计算机，了解 Word、Excel 基本操作

（续）

序号	职业岗位	岗位工作内容	岗位能力要求与基本素质要求
6	数据整理	1. 按照一定规则，处理脏数据，主要问题就是处理残缺数据和错误数据，并按照一定规则进行数据补全和纠正 2. 错误数据一方面是注入错误，一方面同一个元数据在不同数据商中设置了不同的表现形式，通过我们的清洗使数据标准化	1. 了解 SQL Server 熟练运用其中的基本函数 2. 对网站数据具有一定的分析理解能力
7	数据分析专员	1. 按照检查要求对数据进行数据检查，并进行记录 2. 数据整理：定期将数据归档整理 3. 数据分析：对已有数据进行数据分析 4. 结果测试：辅助工程师进行学习结果测试并给出建议	1. 行业数据分析经验 2. 逻辑清晰，对数字敏感 3. 能够熟练使用 PPT 进行分析报告的撰写，使用 Excel 各种函数对数据进行处理和分析 4. 沟通、协调、管理、执行力强、做事情细心、有责任心，对大量数据处理能力强
8	数据清洗	1. 制定清洗规则并用程序实现，对已有数据清洗规则进行修正，提升数据质量 2. 根据业务输入，清洗数据，包括但不限于处理缺失值、重复值、虚假值 3. 负责数据分类规则的校验工作，不断提升系统的准确性、实时性	1. 具备扎实的 SQL 能力 2. 善于业务理解，具备分析、解决问题的能力 3. 有 BI 相关知识；熟练使用 Kettle 等 ETL 工具
9	数据统计员	1. 负责公司各项目的数据统计、分析、报表制作及相关文件管理工作 2. 与各项目助理及时沟通，对接项目销售情况，审核项目提报的各类报表提出指导建议和修改意见	1. 有数据统计、行政管理工作经验最佳 2. 能熟练操作 Excel 等办公软件 3. 有较强的条理性，严谨细致，逻辑思维能力强，工作效率高 4. 有良好的沟通能力及团队协作能力，能够主动与领导及同事进行沟通 5. 具有较强的责任心、高度的工作主动性及敬业精神，能根据上级领导的指示及时准确地完成工作 6. 勤奋好学，善于思考，善于在工作中总结、改进和提高良好的身体素质，能承受阶段性超负荷工作

九、继续学习专业

高等职业教育：计算机应用技术专业、云计算技术与应用专业、计算机网络技术专业、计算机网络与安全管理专业、物联网工程专业、网络工程专业，大数据技术与应用专业，商务数据分析与应用专业等。

十、专业课程结构

数据运维专业课程结构如下：

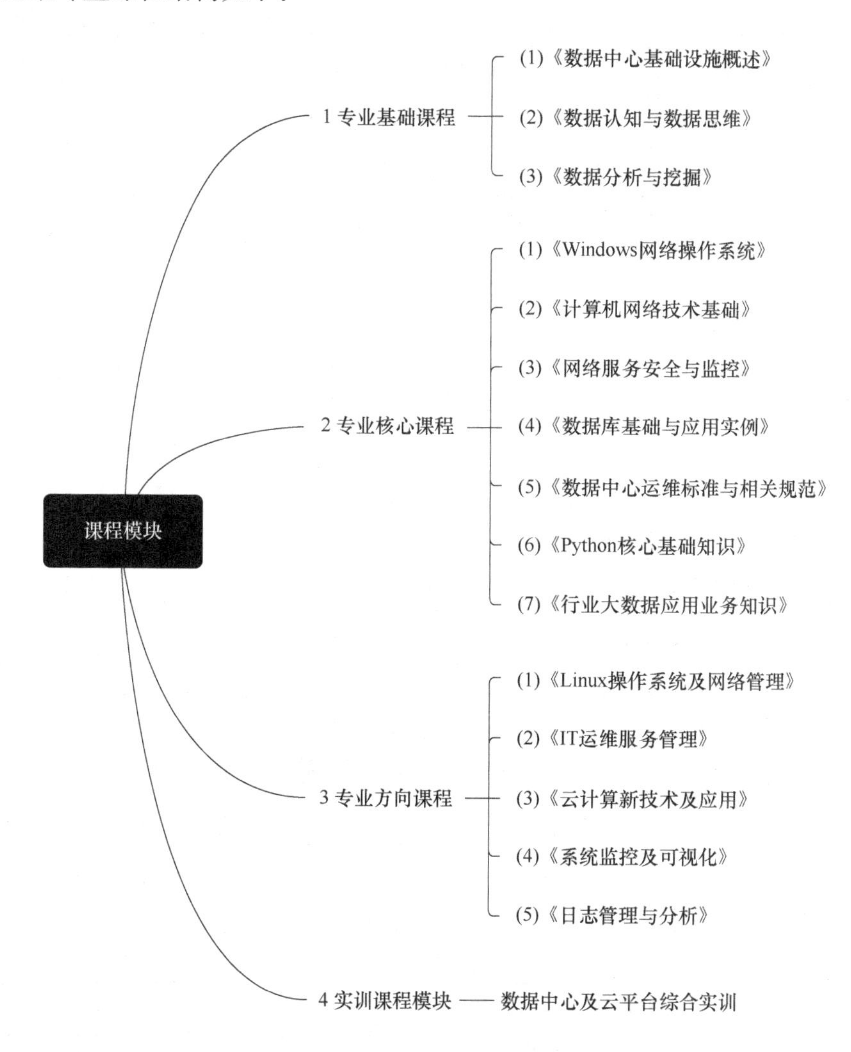

十一、专业课程比例

课程模块	公共基础课程	专业基础课程	专业核心课程	专业方向课程	专业实训实习
学时	约850	216	612	396	1000
比例	27.65%	7.03%	19.91%	12.88%	32.53%

十二、教学时间安排

课程类型	序号	课程名称	课程学分	总学时数	每周教学时数					
					第1学年		第2学年		第3学年	
					1	2	3	4	5	6
公共基础课程模块（略）										
小　计			约47	约850	约24	约23				
专业基础课程模块	1	数据中心基础设施概述	6	108		6				
	2	数据认知与数据思维	2	36	2					
	3	《数据分析与挖掘》	2	72	2					
小　计			10	216	4	6	0	0		
专业核心课程模块	1	Windows 网络操作系统	6	108			6			
	2	计算机网络技术基础	4	72			4			
	3	网络服务安全与监控	6	108				6		
	4	数据库基础与应用实例	4	72			4			
	5	数据中心运维标准与相关规范	2	36				2		
	6	Python 核心基础知识	6	108		6				
	7	行业大数据应用业务知识	6	108			6			
小　计			34	612		6	20	8		
专业拓展课程模块	1	Linux 操作系统及网络管理	6	108				6		
	2	IT 运维服务管理	4	72				4		
	3	云计算新技术及应用	4	72					4	
	4	系统监控及可视化	4	72					4	
	5	日志管理与分析	4	72				4		
小　计			22	396				14	8	
实训实习模块	1	数据中心及云平台运维综合实训及实习	50	1000					20	30
小　计			50	1000					20	30
合　计			163	3074						

十三、教学实施及要求

（一）基础课程模块

基础课程模块的任务是参照了教育部的相关课程教学标准的基本要求，引导学生树立正确的世界观、人生观和价值观，提高学生的思想政治素质、职业道德水平和科学文化素养；为数据运维专业知识的学习和数据产品制作、包装、营销技能的培养奠定基础，满足学生职业生涯发展的需要，促进终身学习。并推动案例教学、情境教学等教学模式的建设，教学方法、教学手段的创新，突出教育教学理念的创新，调动学生的学习积极性，注重学生学习能力和学习习惯的培养，为学生综合素质的提高、职业能力的形成和可持续发展奠定基础。

（二）专业核心课程模块

专业核心课程模块是由大数据基础设施研究中心和数据中心标准联盟组织建设的，任务是培养学生学会系统运维规划、系统监控、系统优化等，保障大数据平台服务的稳定性和可用性，并掌握平台各组件的安装、配置与调试，有良好的系统性能优化及故障排除能力，以及适应职业变化的能力。根据专业培养目标、教育教学内容和学生的学习特点，采取了灵活多样的教学方法，推行项目教学、情境教学、工作过程导向教学等教学模式。突出职业教育教学特色，强化理实一体教学。

本模块围绕数据中心基础运维及初级系统运维等核心专业知识与操作技能设置项目课程。

（三）专业方向课程模块

专业方向课程模块由大数据基础设施研究中心和数据中心标准联盟组织建设，主要是根据学生的个人职业发展方向，并结合数据中心行业发展与企业云化、数据化的专门化方向设置的课程。结合专业方向人才的需求及主要职业岗位能力的要求，推进数据运维专业与行业企业的对接，课程内容与职业岗位要求紧密对接，教学过程与企业工作过程紧密对接，设置了云平台运维、数字化企业网络管理等岗位化课程，更有利于促进学生高质量就业。

（四）专业实训课程模块

专业实训课程模块是职业教育技能课程教学的重要内容，也是培养学生良好的职业道德，强化学生实践动手能力，提高综合职业能力的重要环节。坚持工学结合、校企合作、产教融合，强化教学、学习、实训相融合的教育教学活动，重视校内教学实训。通过产教融合云网一体化大数据实训平台，加强专业实践课程教学、完善专业实践课程体系建设，加大实训实习在教学中的比重，按照专业培养目标的要求和教学计划的安排，与优秀的数据中心及云计算企业共同制定实习计划，强化以育人为目标的考核评价，并创新顶岗实习形式，保证学生实习岗位与所学专业面向的岗位群一致，健全学生实习责任保险制度。

十四、教学管理

教学管理是学校的中心工作，教学质量管理是教学管理的核心。位实现中职学校教学管理的程序化、规范化、科学化、信息化，学校依据本专业的教学方案，规范制定本专业实施性教学计划，并加强对学校教学计划执行的管理监督，严格按照教学计划开设课程，统一公共基础课的教学要求，加强对教学过程的质量监控。开展公共基础可学生学业质量评价，推行技能抽查、学业水平测试、综合素质评价和毕业生就业质量跟踪调查。并全面开展教学诊断与改进工作，不断完善内部质量保证制度体系和运行机制。

学校按照教育管理部门的规定实行学分制度，积极推进学历证和职业技能证书的双证书制度。开展校校共建、校企一体化育人。学生在校外实习严格落实《中职学校学生实习管理办法》的规定及要求，并加强监管。

十五、教学评价

教学评价采用学生自评、互评、教师评价、大数据基础设施研究中心、数据中心标准联盟及大数据企业的专家共同评价相结合，过程性评价与终结性评价有机结合的评价体系。建立促进学生有效打成课程教学目标的教学评价制度，强调通过及时的评价并通过评价结果反馈教学的作用，加强对学生学习过程的综合表现的评价，有利于促进学生健康成长。

十六、专业师资队伍

师资队伍的建设是深化教学改革的关键，建设高水平的专业教学团对建设必须按照高起点、高标准、新模式、新机制的要求明确建设目标和建设途径。围绕大数据专业核心技术打造教学团队，培养专业带头人和专业教师、兼职教师，提升团队教学能力、社会服务能力，以良好的制度环境、文化氛围和评价机制推进师资队伍建设。

专业师资队伍由学校专职教师、大数据基础设施研究中心协助聘请的大数据行业专家共同组成，专业队伍具有良好的职业道德和专业的技术水平。大数据基础设施研究中心提供前沿课程开发与教育教学师资培训，并安排教师参与企业的项目实践，共同打造“双师型”师资队伍。

十七、实训实习条件

（一）校内实训基地

实训实习环境要具有真实性和仿真性，具备实训、教学、教研等多项功能及理实一体教学功能。数据运维专业实训基地实现数据中心及云平台运维综合实训，由大数据基础设施研究中心指导建设大数据云网一体化实训平台，满足专业教学要求。

（二）校外实习基地

数据运维专业计划建立 2 至 3 个校外实训基地，由大数据基础设施研究中心协助与优秀的数据中心及云计算企业合作，共同将校外实训基地建成集学生实习、双师型教师培养培训和开展服务区域的大数据产教研基地。

十八、资源保障

成立由学校专职教师、大数据基础设施研究中心协助聘请的科研人员和数据中心行业企业专家组成的专业建设指导委员会，为完善专业建设提供指导及技术支持。